育てて守る在来種・固定種の種

SEED TO SEED

種から種へつなぐ

Nishikawa Yoshiaki
西川芳昭 編

創森社

ネギの花茎

「種から種へ」とつなぐために～序に代えて～

この本を手に取ってくださった方は、種子に興味がある方、食の問題に興味のある方だと思います。日頃スーパーマーケットに行くと、世界中で生産されたありとあらゆる食べ物が手に入り、自分の食べるものを自分で選んでいると考えてしまいがちです。しかしながら、実際には、私たちが食べている食物の種類や量に大きな影響を持っているのは少数の流通関係者であることもよく知られています。

近年、消費者や農家が自主的に食料にかかわる意思決定を行い、何を食べたいか、何を作りたいかを、一人一人の人間が決める「食料主権」という言葉が注目をあびています。ＴＰＰ（環太平洋パートナーシップ協定）の不安の中でも、食料に関するものが大きな関心を集めています。

＊

でも、少し深く考えて見ますと、私たちが食べている作物は種子がないと作ることができないことに気づきます。種子とは作物栽培のサイクルの中で最も活性が低く、比較的かさの小さいステージを表し、農業にとって土地や水と並んで不可欠な投入物です。

私たちの命は、この種子に支えられており、種子がなくなると食料もなくなり、私たちも生きていけなくなります。この種子は誰が持っているのでしょうか？

最近は家庭菜園用にも野菜のハイブリッド種子などが売られており、専業農家の人で

キュウリの育苗

も種子は種苗会社から買うものだと思っている方がほとんどでしょう。実際に出回っている種子の多くは企業または公的機関が生産・販売し、農家自身が種子を採ることはほとんどありません。

農業というのは、基本的には自然を扱っているので、土地・水・空気・天候などと切り離すことのできない産業です。それぞれの地域の特徴を知り尽くしている農家が、何を作るかを決めていくことができると、環境に適応した作物が作られる可能性が高まります。また、農業は、単に作物の栽培や家畜の飼育とその販売だけでなく、環境保全、伝統・文化の涵養などの多面的な価値を伴っています。このような価値は、作物を通じて、食べる人である消費者にも共有されることが可能です。

この多面的な価値は農業をしている人、作られた食べ物を買う人の価値観や主体性と深くかかわっています。しかしながら、日常的には意識せずに作物を作り、食べ物を口にしていることが多く、気がつくと自分たちで選択する自由を失っています。

*

その結果、多国籍企業に代表されるように、工業化・近代化する農業のほうがお金も持っているし、政治的な力も強いので、実際には企業の作らせたい、食べさせたい作物が市場のシェアを押さえています。地域で、農家が作り、住んでいる人たちが工夫したレシピで食べられていた多様な作物や食品が急速に姿を消しています。企業が登録した品種は一般に収量が高く、広域に適応するとされ、その種子は知的財産権によって保護

ダイコンの種と鞘

されています。その品種の再生産（種採り）、増殖のための調整・販売、輸出や輸入、貯蔵などはすべて品種を作った企業の許可を取る必要があり、自家採種を難しいものにしています。

それでも、実際には、世界中で無数の人々が種を自分たちで採り、貯蔵し、交換して守っています。「育てて守ろうみんなの種」のスローガンで有名なシードセイバーズ・ネットワークの世界的運動も、日本有機農業研究会種苗ネットワークの自家採種運動なども、こうした大切な種および種子を守る活動の一つといえるでしょう。

＊

本書では、日本中で、何らかの形で種を守り、利用している農家・種苗商・団体・グループの事例をできるだけ多く紹介することにしました。私たちのあまり目につかないところで、こんなにたくさんの人々が、さまざまな形で種を守っている活動が有機的につながっていることを知っていただけたらと願っています。第５章では種採りに深く関与している企業活動について指摘しています。編者と必ずしも意見をすべて同じとするわけではありませんが、種・種子に関する問題に直截的、多面的に触れています。

種子がなくなると食べ物もなくなります。そうすれば、もちろん私たちも……。この本を通して、自家採種を中心とした種の魅力に触れていただき、種の価値と可能性について考え、行動する仲間が一人でも多く増えることを期待しています。

２０１３年 11月

西川 芳昭

種から種へつなぐ――もくじ

第2章

第3章

第5章

遺伝子組み換え作物と種子消毒・輸入種子の脅威

第6章

在来種・固定種の種を「育てて守る」ということ

種採り関連の主な用語解説

＊自家採種・自家増殖を主とする野菜園芸専門用語については、本文初出などにカッコ書きで解説しています。ここでは、あらかじめ種採り関連の主な用語をピックアップして順不同に紹介します。

●在来種　ある地方で古くから栽培され、風土に適応してきた系統、品種。その地域ではよくても他の地方では育ちにくい品種もある。すべて固定種と考えてよい。品種特有の個性的な風味を持つ

●固定種　何世代もかけて選抜、淘汰されてきて遺伝的に安定した品種。在来種と同様に生育時期や形、大きさがそろわないこともある

●F_1種（F_1交配種）　異なる性質の種をかけ合わせてつくった雑種１代目。高収量で耐病性が強く、大きさも均一で大量生産、大量輸送に向いた性質を持つ。雑種第２代はかけ合わせた種のそれぞれの性質が一定せずに現れるため、１代目と同じ特徴を持った作物には育ちにくい

●母本　品種改良、採種のために選び出した特定の株。その品種の特性を示し、よりよい形質をもつ親株。母本を選び出していくことを母本選抜という

●自然交雑　自然の中で遺伝子型の異なる系統、異品種、異種、異属間などで行われる交配

●人工交配（人工授粉）雄しべの花粉を雌しべの柱頭に軽くなすりつけ、人為的に授粉を行うこと

●自家受粉　ある花の雌しべに同じ花の花粉、または同じ株の別の花の花粉がつくこと（他家受粉は、ある花の雌しべに別の株の花粉がつくこと）

●雄性不稔性　雄性器官の異常によって起こる不稔。葯《やく》の退化や雄ずいが奇形化・退化するような形態的不稔性と、花粉の発芽歩合が低いことなどのように、形態的には完全にみえるが不稔となる生理的不稔性の二つに分けられる

●自家不和合性（自家不稔性）雌しべ、雄しべが健全でありながら自家受粉では受精できない性質のこと（アブラナ科など）

●両性花　一つの花に雄しべと雌しべの両方を持つもので完全花ともいう（単性花は一つの花に雄しべと雌しべがそろっていないもので不完全花ともいう）

＊『野菜の種はこうして採ろう』船越建明著（創森社）などをもとに加工作成

SEED TO SEED 種から種へと次代につなぐ

林農園(千葉県佐倉市)

「ここではヤーコンを栽培している」と林重孝さん

ニンニクを軒先で乾燥

有機栽培に向く品種フレドニア

中国チンゲンサイの種

長期の収穫ができる深谷ナス

種の入った黒ささげの鞘を天日乾燥させる

霜里農場(埼玉県小川町)

ナスの生育状態を観察する金子美登さん

収穫したばかりの秀明緑ナス

岩崎政利さん(長崎県)から種をわけてもらった銀泉タイプのマクワウリ

自家採種した城南小松菜の種

固定種のトマト

SEED TO SEED

安曇野たねバンクプロジェクト

（ゲストハウスシャンティクティ＝長野県池田町）

螺旋階段の周壁は野菜、果樹、花などに区分けされた種の収納棚になっている

種センター

入り口の表札

青大豆を入れた容器を手に取る朋子さん

プロジェクトを運営する臼井健二・朋子さん夫妻

種センターは螺旋状のメルヘンにでてくるような建物

果ヒメリンゴ
吊り下がる

収穫期のキュウリ（半白胡瓜）

固定種のインゲン

エコツアー＆たねCafe

農場を一周するエコツアー。種まきの実技指導なども予定に組まれている

たねCafe。種をテーマに集まり、種苗交換をしたり、ティータイムをとったりする

蜜を取るためだけでなく、受粉（虫媒）のためにもミツバチ（日本ミツバチ）を飼う

獲物を待つアマガエル

種採りの講習

〈トマト〉

❸沈んだ種を残し、水を流す

❶完熟トマトを切り、種をしぼり出す

❹種を新聞紙に広げて天日に当てて乾かし、2～3日陰干しをする

❷金ざるに入れ、水を流しながら胎座部分を取り除く

「種明かし」に子どもも親も興味津々

種採りの講習もエコツアーの一環。実技指導は小田詩世さん（長野県松本市）

〈カボチャ〉

❶カボチャの種をスプーンでかき出す

❷水に入れ、種に付着した胎座（薄い粘膜状）を洗い落とす

❸金ざるに入れ、水けを切ってから新聞紙などに広げ陰干しをする

莢・鞘入りの種を乾燥

ガーデン小屋の温室天井にネギの花茎やダイコンの茎などを吊り下げ、乾燥させる

ノラボウナ

ライコムギ

カモミール

ネギ坊主（切り取った花茎）

野菜などの種いろいろ

青ダイズ

小布施丸ナス

オクラ

穂高インゲン

筑摩野五寸ニンジン

ナタネ

在来キビ

木曽赤カブ

松本一本ネギ

ポポー

ユウガオ

八町キュウリ

ユスラウメ

在来ソバ

大浦ゴボウ

第１章

作物の多様な品種の種・種子をそれぞれの地域で守る意味

龍谷大学経済学部教授
西川芳昭

先の尖った日本ホウレンソウの種

食料・農業植物遺伝資源条約加盟の意味

「種子が消えれば、食べ物も消える。そして君も」というのは、長く国際コムギ・トウモロコシ改良センター・ジーンバンク責任者をしたベント・スコウマン氏の言葉である。

先の通常国会でこの種子に関する一つの重要な条約が承認された。その条約は、「食料及び農業のための植物遺伝資源に関する国際条約」（略称：食料・農業植物遺伝資源条約）である。

作物の種子に興味を持つ私たちにとってこの条約には二つの大きな意味がある。

遺伝資源交流がより積極的に

第一は「生物の多様性に関する条約」（以下「生物多様性条約」という）との関係である。作物の品種も種内変異の一部であるから、生物多様性の一部である。

国際的な枠組みの中で生物多様性は、特に例外規定を設けない限り、一般的にはその起源地の国家の主権が優先される。

しかしながら、私たちにとって重要な作物に関しては、１９８３年の国際連合食糧農業機関（ＦＡＯ）の合意によって、「これらは人類の遺産であり、その所在国のいかんにかかわらず世界中の研究者等が制限なく利用することができるようにすべきである」との考え方に基づく決議「植物遺伝資源に関する国際的申合せ」（以下「国際的申合せ」という）が、生物多様性条約よりも先に採択されていた。

このため、作物の品種に関しては、生物多様性条約の解釈における、各国が自国の天然資源に対して主権的権利を有するという考え方と、より自由に人類の福祉や社会経済の発展に利用しようとする二つの考え方の矛盾が存在していた。

このような矛盾を防ぎ、またはより多くの関係者が作物の遺伝資源の利用を円滑に行うことができるように、35種の食用作物などを対象に２００４年６月に食料・農業植物遺伝資源条約が発効した。

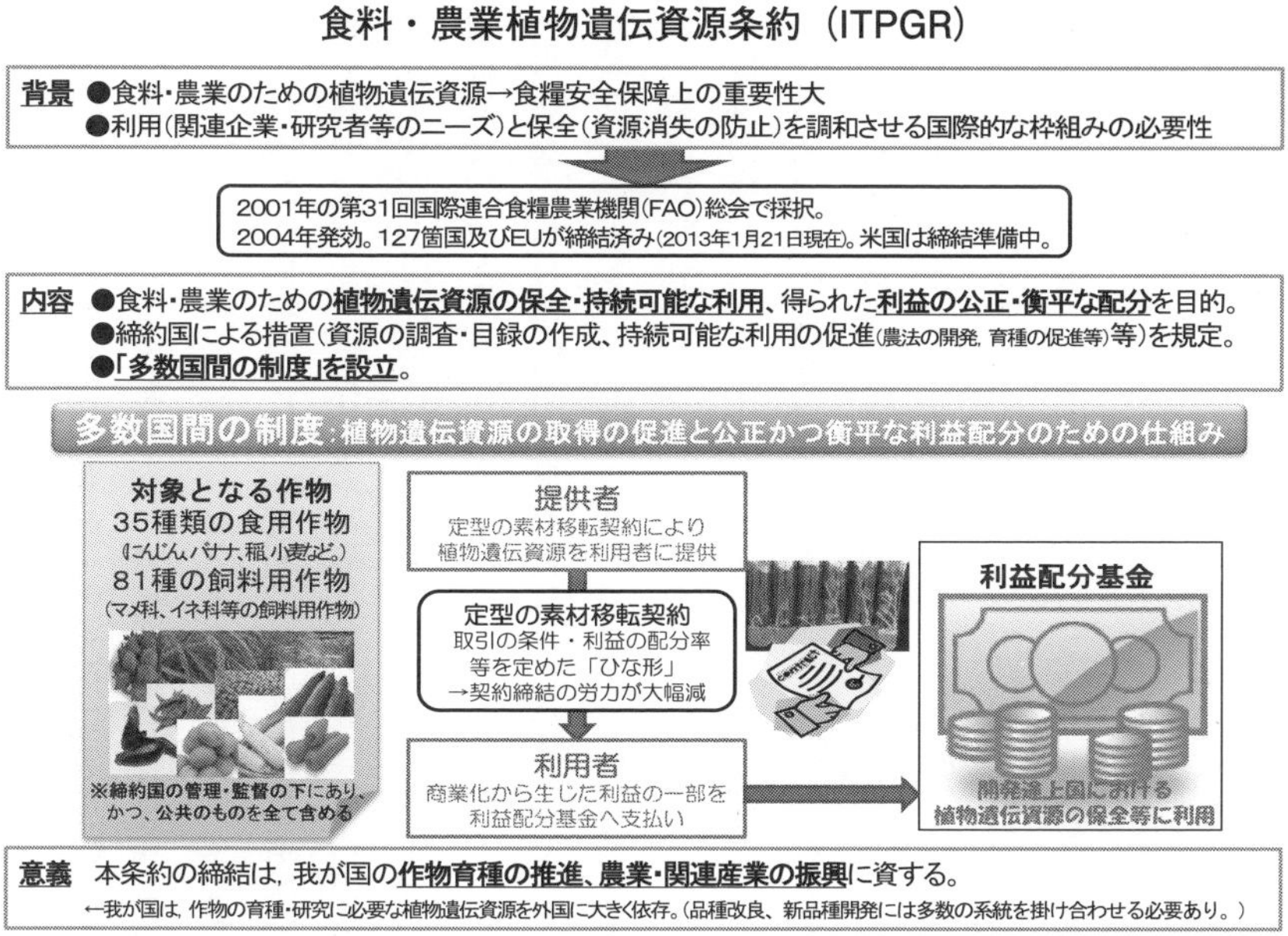
食料・農業植物遺伝資源条約（ITPGR）
背景 ●食料・農業のための植物遺伝資源→食糧安全保障上の重要性大
●利用（関連企業・研究者等のニーズ）と保全（資源消失の防止）を調和させる国際的な枠組みの必要性
2001年の第31回国際連合食糧農業機関（FAO）総会で採択。
2004年発効。127箇国及びEUが締結済み（2013年1月21日現在）。米国は締結準備中。
内容 ●食料・農業のための植物遺伝資源の保全・持続可能な利用、得られた利益の公正・衡平な配分を目的。
●締約国による措置（資源の調査・目録の作成、持続可能な利用の促進（農法の開発，育種の促進等）等）を規定。
●「多数国間の制度」を設立。
多数国間の制度：植物遺伝資源の取得の促進と公正かつ衡平な利益配分のための仕組み
対象となる作物
35種類の食用作物
（にんじん、バナナ、稲、小麦など。）
81種の飼料用作物
（マメ科、イネ科等の飼料用作物）
※締約国の管理・監督の下にあり、かつ、公共のものを全て含める
提供者
定型の素材移転契約により植物遺伝資源を利用者に提供
定型の素材移転契約
取引の条件・利益の配分率等を定めた「ひな形」
→契約締結の労力が大幅減
利用者
商業化から生じた利益の一部を利益配分基金へ支払い
利益配分基金
開発途上国における植物遺伝資源の保全等に利用
意義 本条約の締結は，我が国の作物育種の推進、農業・関連産業の振興に資する。
←我が国は，作物の育種・研究に必要な植物遺伝資源を外国に大きく依存。（品種改良、新品種開発には多数の系統を掛け合わせる必要あり。）
出所：外務省ホームページ

これまで、生物多様性条約にのみ加盟していた日本は、この作物を対象としたより活発な遺伝資源の交換の恩恵に浴することが必ずしもできなかったが、今後はより積極的な遺伝子交換を促進する条約への加盟によって一層の交流が行われるものと期待される。

「農民の権利」を認めているが……

もう一つ、自家採種を考える点で重要な意味がある。

この条約においては、「農民が貯蔵した種子及びその他の繁殖性の材料を保存、利用、交換及び販売することや食料農業植物遺伝資源の利用に関する意思決定及び当該資源の利用から生じる利益の公正かつ衡平《こうへい》な配分に参加する」ことを主な内容とする「農民の権利」（外務省の条文公式訳で「農業者の権利」と訳されているが、本章では慣例に従って「農民の権利」の訳を使用する）について認めていることである。

国会では、日本がこの条約を締結することは「作

物育種の推進に資するとともに、食料及び農業のための植物遺伝資源の保全及び持続可能な利用のための国際協力を一層推進するとの見地から有意義である」との観点から承認されることとなった。すなわち、日本が、作物の育種・研究に必要な植物遺伝資源を外国に大きく依存していることから、条約の締結は、我が国の作物育種の推進、農業・関連産業の振興に資すると国会に説明された。

当然ながら日本国内で農家自身が自分たちで保全し続けている多様な品種に関して定めている第９条の「農民の権利」がポイントとなる。

「農民の権利」については、それが食料及び農業のための植物遺伝資源に関連する場合には、これを実現する責任を負うのは各国の政府であることに合意し、適当な場合には、国内法令に従い、農民の権利を保護し、及び促進するため、伝統的な知識の保護、関連する国内の意思決定への参加等の措置をとるべきであるとの努力目標として説明が加えられるにとどめられ、今後の国内法規の整備等については触れられなかった。

作物品種が「資源」として認識された経緯

20世紀後半の栽培植物は55科４０８種

人類は、その食料のすべてを直接あるいは間接的に植物に頼っており、また繊維や油脂、医薬品など、有用な資源の生産の大きな部分を作物に頼っている。しかしながら、植物全体から見ると、人類が現在利用している植物種はごく限られている。河野（２００１）は、アメリカの作物遺伝学者ハーランの著作を引用し、20世紀後半に人類が栽培している植物は55科４０８種であり、これは農耕が始まる前に人類が利用していたと考えられる約1万種から較べると大幅な減少であると述べている。

しかし、私たちの生活にとって、農業における生物多様性の中で最も重要なものは、種内レベルの作物品種の多様性である。メンデルの法則の再発見以来、育種の素材として遺伝資源が利用されるように

一軒の農家がつくっている多様なオクラ（西アフリカのブルキナファソ）

なり、作物品種の多様性は資源として認識されるようになった。

国連食糧農業機関（ＦＡＯ）は１９９６年にまとめた『世界遺伝資源白書』の中で、「土壌、水、そして遺伝資源は農業と世界の食料安全保障の基盤を構成している。これらのうち、最も理解されず、かつ最も低く評価されているのが植物遺伝資源である」と述べている。

植物を生産する営みである農業をするのに、土、水、光などと同様に種子、品種等が重要であることを確認しながら、同時に、土壌や水については、世界的な議論または地域的な議論がかなり活発になされているが、植物の遺伝資源に関しては、企業・研究者による育種利用、または製薬会社、化学会社等による植物由来成分の商業的利用のようなごく一部でしか議論されておらず、全体像の把握と改善が遅々として進まないことに警鐘を鳴らしている。

種と種子

ところで、種および種子とは、何を指すのであろ

固定種とF1種の主な特徴

◆固定種の種

- 何世代にもわたり、絶えず選抜・淘汰され、遺伝的に安定した品種。ある地域の気候・風土に適応した伝統野菜、地方野菜（在来種）を固定化したもの
- 生育時期や形、大きさなどがそろわないこともある
- 地域の食材として根付き、個性的で豊かな風味を持つ
- 自家採種できる

◆F_1種（F_1交配種）の種

- 異なる性質の種を掛け合わせてつくった雑種の一代目
- F_2になると、多くの株にF_1と異なる性質が現れる
- 生育が旺盛で特定の病気に耐病性をつけやすく、大きさや形、風味も均一。大量生産、大量輸送、周年供給などを可能にしている
- 自家採種では、同じ性質を持った種が採れない（種の生産や価格を種苗メーカーにゆだねることになる）

注：①F_1はfirst filial generation（最初の子ども世代の意）の略
　　②『野菜の種はこうして採ろう』（船越建明著、創森社）をもとに作成

うか。序文でも触れたが、種子は種子植物の一生のサイクルの中で最も活性が低く、比較的かさの小さいステージを表し、ＦＡＯの報告にもあるように、耕種農業にとって土地や水と並んで不可欠な投入物である。農家はこの種子を一般に種《たね》と呼び、「種子《しゅし》を蒔く」と言う人はまずいない。生活・生業の構成要素として種子を見るか、産業活動の投入物として種子を見るかによって、同じものが異なった言葉で語られていることにも、種子に関する所有や使用における権利の問題を理解し、共通の議論の場を持つことの困難さが窺えよう。

　ちなみに、一般に農家が自家採種する種は固定種と呼ばれるもので、品種として他の品種と区別できる特色はあるものの、ある程度の雑駁性を含んだ集団であることが多い。

　それに対して、大手の種苗会社が販売する種子は、遺伝子組み換えによるものを別にしても、一代雑種（F_1種）と呼ばれる純系の母本《ぼほん》（よりよい形質をもつ親株）をかけあわせて一代限りの種子生産が行われるものが一般的で、この種子を蒔いた作物か

ら自家採種を行っても、栽培される作物と同様の性質を持つ種子をとることは非常に困難である。この仕組みそのものが、多国籍企業をはじめとする大手の種子企業の品種の囲い込みを可能にしているともいえよう。

遺伝資源条約における「農民の権利」の概念

食料・農業植物遺伝資源条約の「農民の権利」に関しての前文を紹介する。

「（前略）当該資源を保全、改良及び利用可能にするに当たって、世界のすべての地域（特に起源及び多様性の中心地）の農家の過去、現在及び未来における貢献が農民の権利の基礎であることを確認し、更に、本条約で認める、農民が貯蔵した種子及びその他の繁殖性の材料を保存、利用、交換及び販売する権利並びに食料農業植物遺伝資源の利用に関する意思決定及び当該資源の利用から生じる利益の公正かつ衡平な配分に参加する権利が、農民の権利の実現及び国内的又は国際的水準での農民の権利の増進及び実現の基礎であることを確認し、（後略）」

このように遺伝資源の創出及び保全における農民の役割が明確に示されている。

第９条では「（a）食料農業植物遺伝資源に関連する伝統的知識の保護・（b）食料農業植物遺伝資源の利用から生じる利益の配分に衡平に参加する権利・（c）食料農業植物遺伝資源の保全及び持続可能な利用に関連する事項について国家水準の意思決定に参加する権利」を農民の権利としてまとめており、締約国に対してその実現の責務を課している。

同時に注目しなければならないのは、第９条３項にあるいわゆる「農民の特権」と呼ばれる権利である。ここでは「本条のいずれの規定も、国内法令に従って、かつ適当な場合においてのものであって、農場が自ら保存した種子及び繁殖性の材料を保存、利用、交換及び販売する一切の権利を制限すると解釈されない」と規定されている。農民が古来行ってきた自分が蒔く種を自分で採ったり、近所の農家と交換したりしてきた農の営みを担保しようとするものと理解できる。

１９８９年のＦＡＯ総会では、「育種家の権利」と「農民の権利」を「技術の提供者」と「遺伝的素材の提供者」のそれぞれの権利であることと、その両方を認識し、その貢献に対して補償を行う必要を認めた（Resolution　4/89・5/89）。ここでも、遺伝資源は人類共通の遺産であり、すべての人がアクセスできることを前提に、途上国住民の改良品種へのアクセスの保証も提言している。

「食料主権」と「農民の権利」の実現を目指して

食料主権とは

それぞれの国や地域の人々が何をつくり食べるかを自分たちで決める権利は「食料主権」と呼ばれ、量的な食料の供給確保を主とする「食料安全保障」とは異なる概念である。この権利は、普遍的な法規範として国連でも認知されている「食料への権利」と密接につながる（久野２０１１）。

食料の生産には水や肥料など様々な投入物が必要であるが、その中で種・種子は歴史的に農家がそれぞれの地域で、その自然社会環境に最も適した遺伝的特性を持った品種を選抜してきた経緯から、持続可能な社会の発展のためには地域における管理の役割が重要である。作物品種が地域における生物多様性の重要な要素であるという観点からも、品種・種子の管理（保全・利用）を各国・各地域で行うことの意義が認められる。

先進国による「農民の権利」制限

しかしながら、同時に、ほとんどの先進国では、開発途上国と較べて法令による「農民の権利」制限が行われている。知的財産権に関する法令（特許法と植物育種家の権利）は育種家により有利であり、保護された品種の種子を農民が自分の農場で保全・利用・交換・販売することを制限している。

このような規制は、種苗産業や一部の政府からは高く評価されている。品種登録[1]などを通じて保護さ

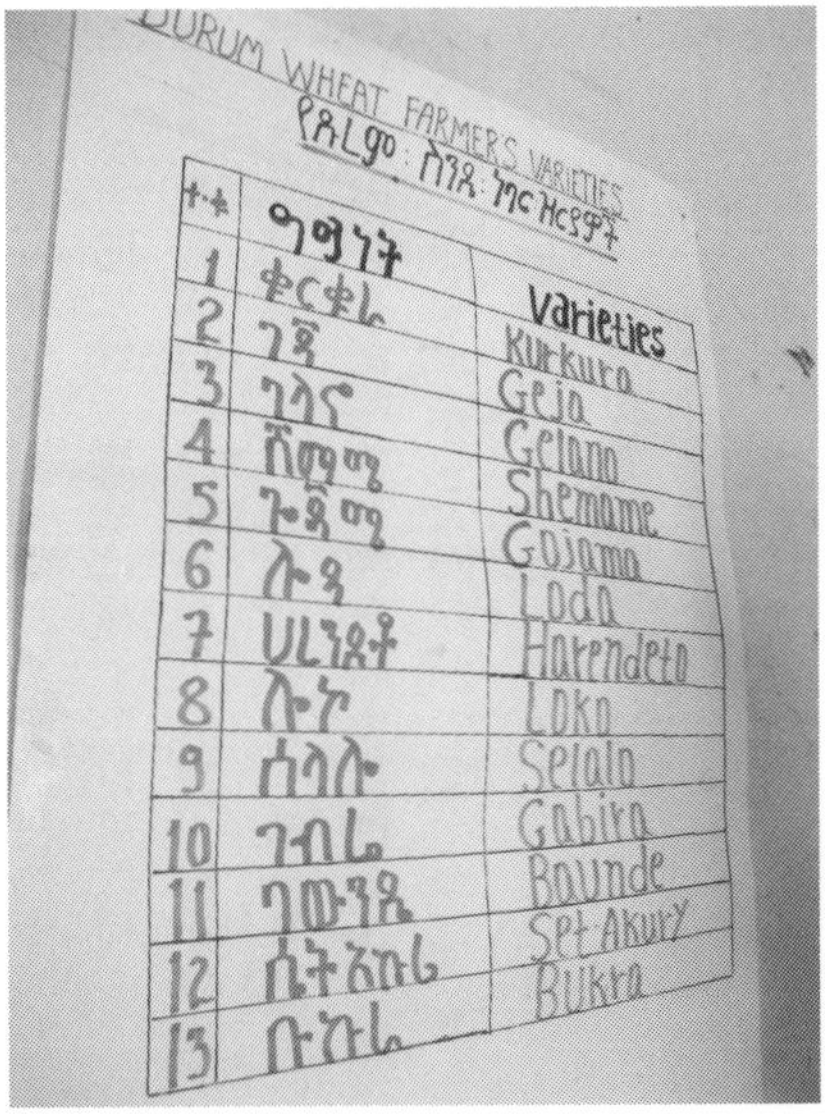

ひとつの村でつくっているマカロニコムギの種類を表示（エチオピア）

農家が保存する多様な種（ブルキナファソ）

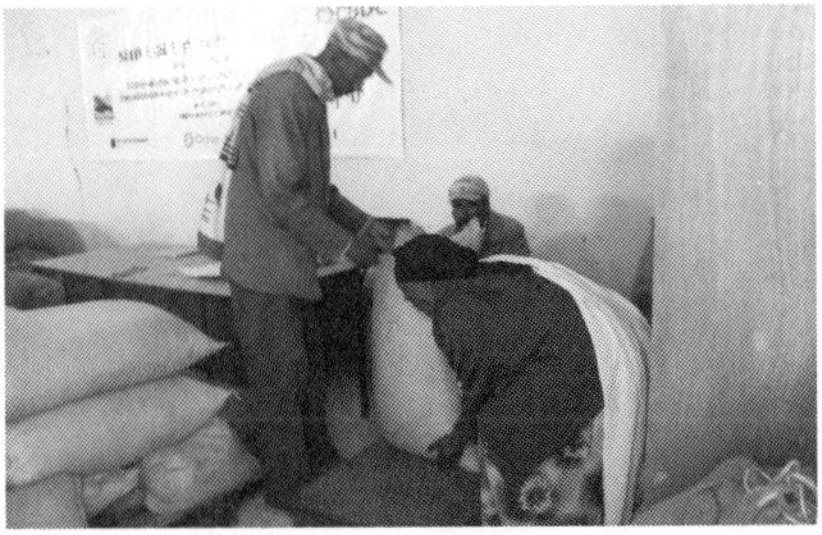

ジーンバンクに種を返す農家（エチオピア）

れた品種から採種した種子を農民が交換・販売することには消極的である。一方で多くの農民やＮＧＯは、「このような規制は圃場《ほじょう》保全種子を自由に保全・利用・交換・販売する慣行上の権利を侵害する」として否定的に捉えている。

異なる意見の調整を図る手段として、例えばノルウェーのように、保護品種の圃場保全種子を農民が保全・利用・交換することは許可するが、販売は許可しない国もある。インドのように、保護品種を元の銘柄でない名前でなら農民に販売を許可する国もある。

食料主権実現には種子の主権が前提に

多様な作物の種子は植物遺伝資源として認識され、人類が農耕を始めて以来１９３０年代にアメリカで種子取引協会が設立されるまでは、主として農家自身によって管理・改良が続けられてきた。

農業の近代化や品種改良が進む以前は、長い間にわたって農家は自分たちが毎年まく種を自分で採種するのが当たり前であった。農業生産のための投入財として、種子は重要かつ繊細な役割を果たしている。歴史的には、農家は種子を自家採種し、自分の農地に最も適した形質をもつ系統、自分の栽培したい（または食べたい）形質をもつ系統を選抜してきた。この行為が、作物種内の多様性が作り出され保全されてきた主要な要因の一つであった。

種子が農業を行うための不可欠な投入資材であるから、食料安全保障、食料主権の実現のためには、種子の安全保障、種子に対する主権の実現が前提条件となる。グローバリゼーションの進展するなか、この種子の収穫・保存・利用・改良・販売等を巡る政治的・社会的な闘いまたは協力が、マクロレベルでは国際貿易および条約・援助の交渉の場で、ミクロでは一人ひとりの農家の畑で起こっている。

作物の生物多様性と国家の安全保障

現代農業においては、商業的生産を目的とした農業のみならず自給用作物栽培（趣味の園芸や家庭菜園を含む）においても種子は購入されることが多くなっている。限られた数の改良品種に栽培が集中することによる、病害虫や気候変動に対する脆弱性の問題が指摘されるとともに、作物をつくる人・食べる人による選択の権利が制限されていることに対する懸念も広まっている。

農業における生物多様性は、メンデルの法則の再発見によって遺伝資源が育種素材として利用されるようになって、国家の安全保障にも影響する自然資源の一つと認識されるようになった。ロシアやアメリカは、競って世界中から多様な作物の品種およびその近縁種を収集し、第二次世界大戦の最中ですら、イギリスや日本の研究者が種子の探索・収集を続けていた。

一方、このような品種がもともと生息していた、または栽培されていた地域に、品種改良された新しい品種が導入されることによって、逆にその地域の遺伝的多様性が消失するという問題も生じた。

消失していくそうした多様性の保全にあたっては、従来は、作物が栽培されている地域とは離れた場所に設置したジーンバンクや研究機関等の冷蔵庫に保管する「生息地域外保全」と呼ばれるものが中

種子のフォーマルシステムとインフォーマル（ローカル）システム

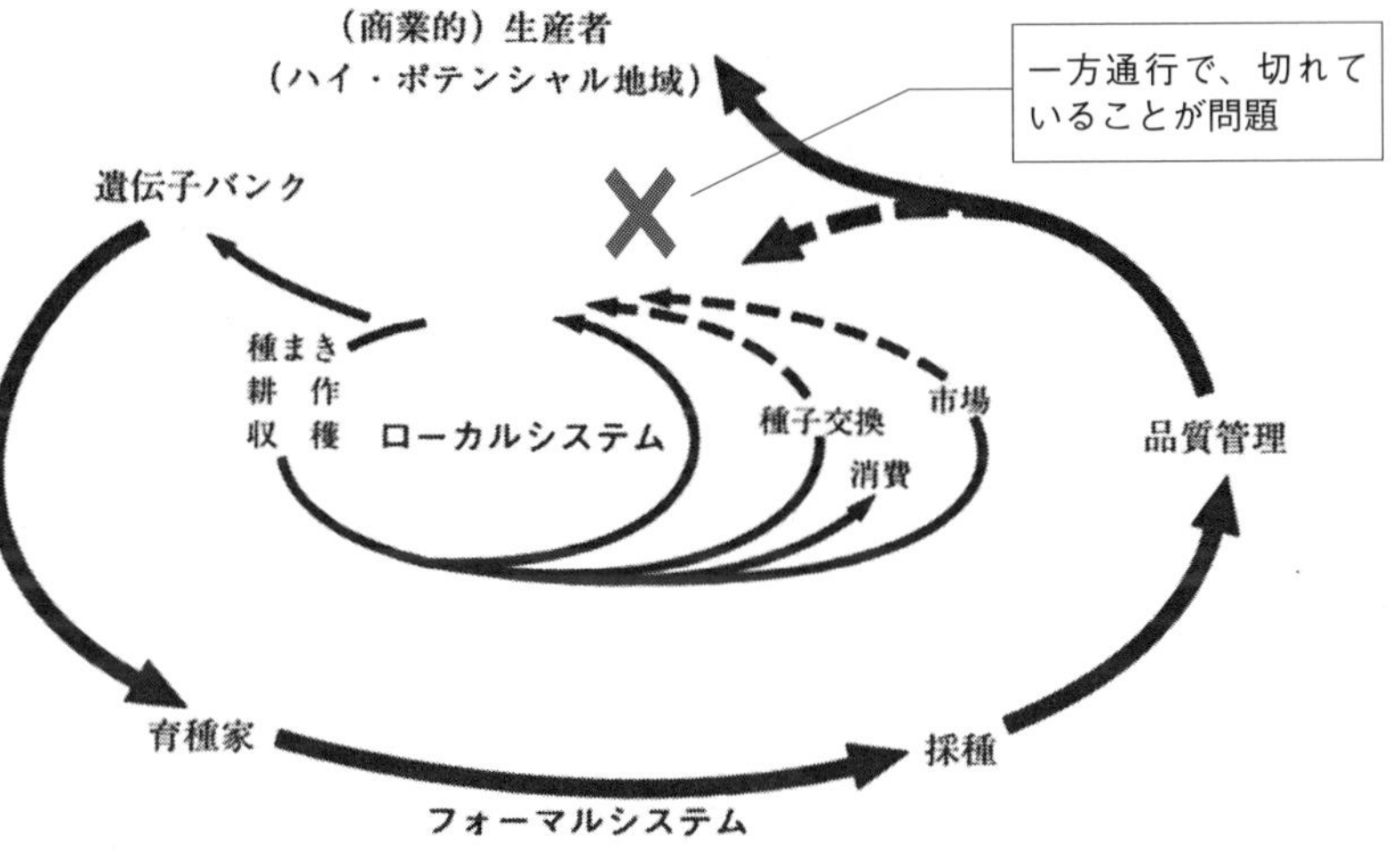

植物遺伝資源管理のローカルシステムとフォーマルシステム：完全にはつながらないシステム
原典：Almekinders 2001 翻訳：西川2003

心であった。この場合、生態系や栽培環境から遮断され進化が凍結され、また再増殖の際に多様性が減少するおそれがあり、さらには一度収集された遺伝資源が本来あった地域に返還されにくい等の問題点があった。

　これに対し、「生息地域内保全」という、実際に植物が生えているところ、作物が作られているところで保全するやり方の場合には、環境変化や病害虫の進化に対して適応していく動的な保全が可能であること、農家にとってアクセスが容易であること、農家にとっては保全だけでなく直接その品種を利用することと両立する等のメリットが期待できる。

種子の供給に関する二つのシステム

　種子の生産・保存・流通・認証・販売などの一連の活動と、それを支える組織制度は種子システムとして認識され、一般に「フォーマルシステム」と「インフォーマルシステム」に分類される。

前者は、政府機関の管理のもとに供給される主として登録された改良品種の認証種子に関わる制度を指し、後者は、農家自身による採種や農家同士の交換による認証されない主に在来品種（固定種）の種子供給を担っている。

フォーマルシステムのみでの危険性

農業の発展や食料の安定的生産におけるフォーマルシステムの重要性は明らかであるが、これのみの存在だけでは改良品種のみの生産につながり、農業からの作物の多様性の消失を来《きた》す危険がある。このことは農作物が特定の病害虫の被害を受けるなど農業に脆弱性をもたせかねず、また多様な種子生産の担い手を排除する可能性も指摘されている。

これに対し後者のインフォーマルシステムは、主として農家自身による採種や農家同士の交換による、いわゆる在来品種・伝統品種の種子生産・供給を担っている。このやり方は昔から農家が行ってきた営みの延長線上にあり、農家自身が種子を採って次の年にまく自家採種、または近隣の農家と交換する種苗交換、あるいは地域のマーケットで売買するという小さな循環は、日本だけでなく、特にアフリカなどの開発途上の地域で重要な役割を持っている。

１９６８年の「植物の新品種の保護に関する国際条約（ＵＰＯＶ）」の登場以来、各国が種苗法を制定し、作物の品種に対する知的財産権の管理を行うようになり、種苗会社の権利保護が助長されたが、この条約では原則として、農民が育種し保全してきた品種は対象とされない。

フォーマル種子システムの普及は、農民の品種や種子への権利を制限し、世界規模で販売を行う種子企業の支配を助長し、開発途上国の食料主権を制限する危険性があることも指摘されている。F_1を中心とした改良品種の普及により、個々の農家や地域による自家採種は減少し、大規模な（多国籍）種苗会社が供給する種子を農家は毎年購入している状況が、種子の地域内循環システム、ひいては地域の人々の気候変動等に対するレジリエンス（復元力）をより脆弱にする要因となっているとされる。

グローバルな循環とは異なる小さな循環を

改良品種の開発・販売は、農薬・肥料の販売と組み合わせて行われる「緑の革命」型アプローチが主流となっており、２００９年には世界の主要種苗企業10社のうち5社（Monsanto・Du Pont・Syngenta・Bayer・Dow）までが元来農薬を主体とする企業となっている。

世界主要種子企業の規模と寡占化

（2009年　売上高百万米ドル）

順位	社名	売上高	市場シェア
1	Monsanto（米）	7,297	26.6%
2	Du Pont（米）	4,661	17.5
3	Syngenta（スイス）	2,564	9.4
4	Groupe Limagrain（仏）	1,252	5.0
5	Land O'Lakes（米）	1,100	
6	KWS（独）	997	3.6
7	Bayer Crop Science（独）	700	2.6
8	Dow Agro Sciences（米）	635	2.3
9	サカタのタネ（日本）	491	
10	DLF-TRIFOLIUM（デンマーク）	385	

資料：ETC Group・三井物産戦略研究所・久野ほか

註：売上高と市場シェアは出典が異なるためデータに若干相違がある

多国籍企業による種子に関する知的財産権の主張と、開発途上国を中心とした資源ナショナリズムが国際的な議論の場での中心的課題となっている中で、それぞれの地域において種子をとり続ける農家が存在し、また種子を交換・共有する活動も続けられている。

ただ、地域において種子に対する主権を守ろうとしても、実際にローカルなアクター（特定地域内の利害関係者）のみで持続可能なシステムを構築することは非常に困難である。ＵＰＯＶに代表される国際的取り決めが農家と離れたところで議論・決定され、気がついたら、伝統的知識を自分たちが自由に使うことが制限され、これまで自由に行ってきた、種・種子の採種・交換に関する地域の慣習などが違法とされる場合もある。

世界の各地には、「生業としての農業」「生活としての農業」の中では自家採種を中心として比較的小さな地域の中で遺伝資源が循環している状況が存在している。そのような地域での循環に、ジーンバンクのような地域外の研究機関等が関わることができれば、グローバルな循環とは異なる、もう一つ小さな循環を起こすことができる可能性があると考えられる。

このような小さな循環に対して、多様な機関が協力する情報提供や技術協力の果たす役割は大きい。それによって、金銭的配分と技術協力などの非金銭的な利益配分が相互補完されるシステムができる。

一般に、途上国の農家・農民の多くは作物の収量増加や経済的収益性を第一に品種の選択を行っているわけではなく、リスク回避や食味の嗜好性、文化的な価値も品種選択の重要な要素となっている。

このため、開発途上国への援助においては参加型開発の隆盛に合わせて種子生産をする農民組織に多様な支援が行われていて、それらの活動は、種子の保存・交換・流通も関わる関係者の主体的参加とその能力強化の枠組みの中で議論されている。

日本でも、経済的には地域特産物の開発という側面が強調されることもあるが、個々の農家や集落にとっては作物や食文化への誇りや伝統に結びついていることが多い。

国内外での在来品種保全運動

農家の伝統的営みではない、組織的な自家採種活動としては、オーストラリアのシードセイバーズ・ネットワークが最も長い歴史を持っている。シードセイバーズ・ネットワークは１９８６年に栽培植物の多様性保全のために設立され、現在1万人以上のメンバーを持つ市民団体であり、種子の交換や種子バンクの運営に加え、実際の種採りのハンドブック等を多く発行してきた。世界中に展開しており、日本でもネットワークとしてのシードセイバーズ・ジャパンが活動の準備をしていると伝えられている。

同時に、日本の各地域で作物遺伝資源としての種子を守る全国、県、地域をそれぞれ活動範囲とする

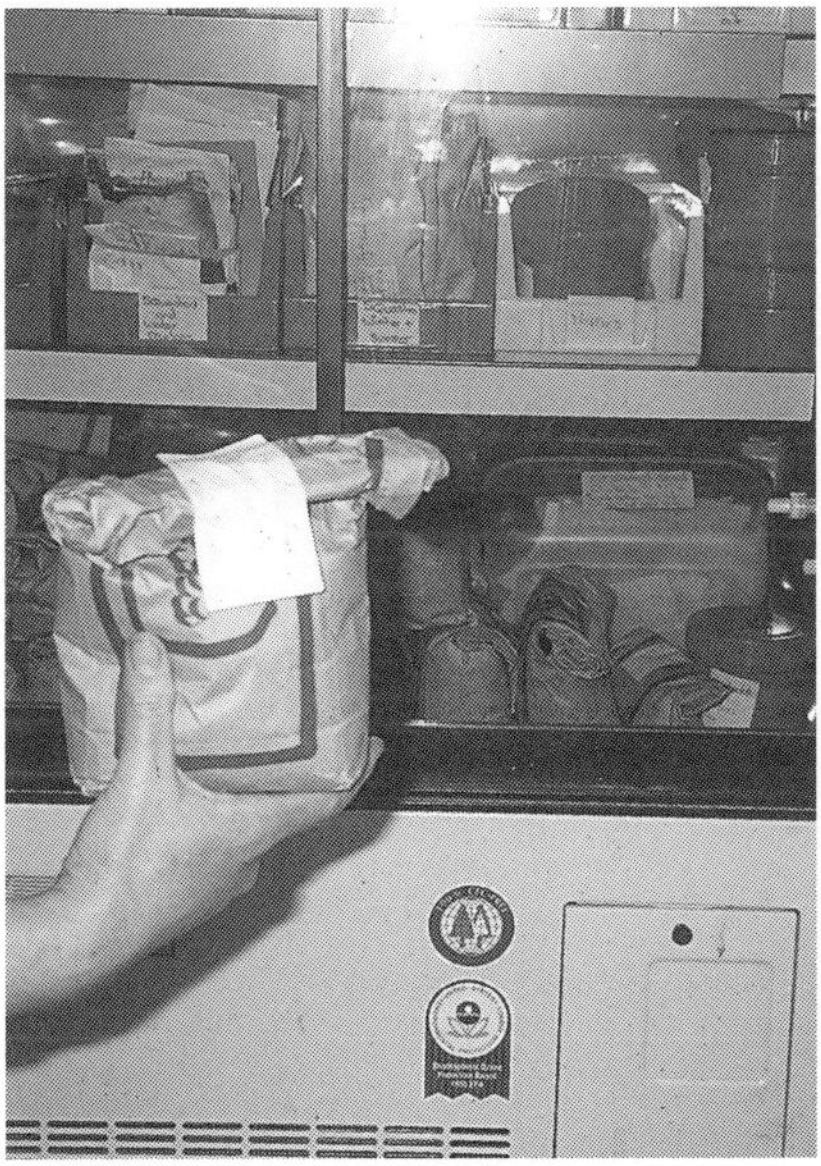

冷蔵庫に入れてある配布用種子を取り出す

アイルランド・シードセイバーズの看板を準備

スタッフ（中央はアイルランド・シードセイバーズの創始者アニタさん）と農民

ＮＰＯや財団法人などの日本発の多様な組織が育ちつつある。

全国規模の団体は各地に支部を持ち、種苗ネットワークによる種苗交換を展開しており、県段階の団体も参加者のゆるやかなネットワークを形成し、生産者を支援することを重視し、会員数を伸ばしている。

地域段階の団体は、集落営農組織、農家レストランとの協働により、農業の六次産業化を実現し、栽培・採種・保全・利用のサイクルを確立している場合もある。これらの多様な市民が関わる組織の在り方は、ミクロレベルとマクロレベルとをつなぐ組織制度構築に示唆を与えるものとなろう。

日本各地で多様な形での活動が展開

地域在来品種を保全・利用する国内の多様な組織の機能と運営特性をまとめた研究では、在来品種を保全している組織・団体の機能を、自家採種型・ジーンバンク型・種苗商型・食品加工販売型・ネットワーク型に分類している（冨吉・西川２０１２）。

①自家採種型＋食品加工販売型

奈良で大和の伝統野菜の保全と利用を行っているNPO法人「清澄《きよすみ》の村」は、NPOとして約150品種の大和の伝統野菜を含む品種の自家採種をメンバーが行うと同時に、関連団体として営利企業の株式会社「粟《あわ》」を経営し、生産された野菜を直営レストランで調理提供することで食品加工販売型の側面も兼ね備えた品種保全を行っている。

②ジーンバンク型

ジーンバンク型のユニークな事例としては、広島県の農業ジーンバンクが挙げられる。国の運営する農林水産ジーンバンクの一義的な目的は、将来のための育種素材の保存であるが、広島県の場合はそれに加えて地域特産作物として多様な作物品種を活用したい農家に無料で種子を配布している。

ジーンバンクが保存する種子のほとんどは海外や他県から導入したものであるが、1990年代前半に農業改良普及員OBの協力を得て県内で絶滅の危機にある在来品種の種子を探索・収集し、387点の地域在来品種の収集を行った。この中から、一度消滅した大田カブが種子の貸し出し事業を通して復活し、栄養士らの協力も得て新たな調理加工方法も紹介され、地域の農産物直売所等で販売されるようになった。

2009年から2012年にかけては「広島こだわり野菜創出・普及促進事業」を実施し、ジーンバンクが保存している約5000点の種子の中から、地域の活性化などに有望と考えられる150品種を選定している。このなかのいくつかは、もともと広島県で栽培されていた品種である。

珍しい紫とうがらし（奈良県・清澄の村）

多様なダイコン品種（長崎県・種の自然農園）

種苗交換会（日本有機農業研究会全国大会）

万願寺とうがらしの種子用乾燥果実

収集した種子の保存冷蔵室（広島県の農業ジーンバンク）。整然と区分されている

種子の農家への再配布を通じて、種子は買うものではなく自分で採ることのできるものであるという、従来の農業の考え方の復活が行われている。

③種苗商型

種苗商型で在来品種を保全している事例も各地で報告されている。

長野県における地方野菜品種の採種販売について調査した根本（2012）は、調査対象とした36品種中27品種が、地域にある種苗店によって採種・販売されていることを明らかにしている。これらの品種は、市場が小さく大手の種苗会社が参入しないことと、自家採種のみでは交雑などにより品種特性が失われる危険性があることが、地域の種苗会社が地方野菜品種の採種・販売を続けている背景にあると説明されている。

④ネットワーク型

ネットワーク型は、基本的に自家採種を行っている農家が自発的に種苗交換会などを企画し、自らの持つ品種の種子を交換するシステムで、全国レベルではNPO法人日本有機農業研究会が1982年以

ごはんDE笑顔プロジェクト選手権全国大会（2011年）で優勝（京都府立桂高等学校）

種苗交換会では参加者から多種多様な種苗が出品され、好評を博す

来行っているものが日本では原点と考えられる。

各地方でも同様の組織は多くあり、ひょうごの在来種保存会、安曇野《あずみの》たねバンクプロジェクトなどは、任意団体として同様の活動を行っている。

⑤教育の一環として

教育の一環として在来品種が保全されている例も多くなっている。農業高校による地域在来品種の保全（たとえば、三重県相可高等学校による伊勢イモ）や、地域の小中学校における栽培体験（たとえば、長野県における沼目しろうり、山形県における外内島《とのじま》きゅうり）などがある。

マーケティング教育との関係では、長野県の松本一本ネギが地元大学とJA・コンビニエンスストアの協力で復活し、需要創出の結果、一軒まで減少していた採種農家が増加している。

地域環境と人間との関係回復が重要

現代社会は、消費者の一人ひとりが自分の食べる

ものを選択できるように見えているが、実はそうではない。都市生活者は、その衣食住全般にわたって市場への依存度が非常に高く、その市場は一部のプレーヤーによって管理されている。このようなグローバルな市場に依存した生活を、地域における生産と消費を中心としたローカルな生活に変えることによって、より自律的で基本的人権を担保する生活を実現することが可能と考えられる。

金融危機や原発事故などの不測の事態を経験する中で、より多くの人が自給に近いシステムの安全性を認識するようになってきている。

近代化の中では、自給的農業をささえてきた中山間地など条件の悪い地域は、グローバルな交換価値を高めるような貨幣所得を得るのには必ずしも適していなかったが、逆に、比較的貨幣を使わなくても生活できる地域も多い。中山間地に限らず、都市においても、貨幣を稼げる地域にするよりも、貨幣がなくても豊かに暮らせるような地域とする試みも始まっている。

その手段の一つとして、種子までを含めた食料の

辛いトウガラシ代表の鷹の爪とうがらしを乾燥（埼玉県・関野農園）

ノラボウナの種（関野農園）。他のアブラナ科と交雑しない

日本を代表するニンジンでβカロテンを多く含み、甘みの強い黒田五寸人参の種（関野農園）

ゴボウの総苞をたたいてつぶし、ふるいにかけて残渣などを取り除く。完熟種子を選別し、さらに陰干しをする（静岡県沼津市）

ゴボウ（大浦ごぼう）の種の入った総苞。摘み取り後、陰干しをする（静岡県沼津市）

生産と消費を、ある程度小さな地域内で完結させる営みがあげられる。中山間地の地域振興の手段としての地産地消の推進ではなく、都市農村のいずれにとっても、人間の基本的な考え方として（当然その度合いは自然資源の乏しくなった都市と、いまだに豊かな農山漁村では異なるが）、地域内での自給自足的思想を取り込んでいく生活の拡大が社会の持続可能性につながり、生産の重要な要素である種子の自家採種や地域における交換が、このようなシステムの構築に大きく貢献することが期待される。

作物品種の多様性は、将来の育種素材としての価値だけでなく、いまそこで生きている人々に育まれ、利用される資源である。地域の環境とそれを利用・管理する人間との関係を回復していくことが、人間と生物多様性の双方にとって重要であることが理解されると、地域関係者による遺伝資源の管理が何にもまして人間の活動の優先事項とされる可能性がある。

実際には、作物の多様性を守り、自家採種を続ける人や在来品種の野菜を食べる人々は、「農民の権

二つの異なる種子システムにおける技術・知識の位置付けとその効果

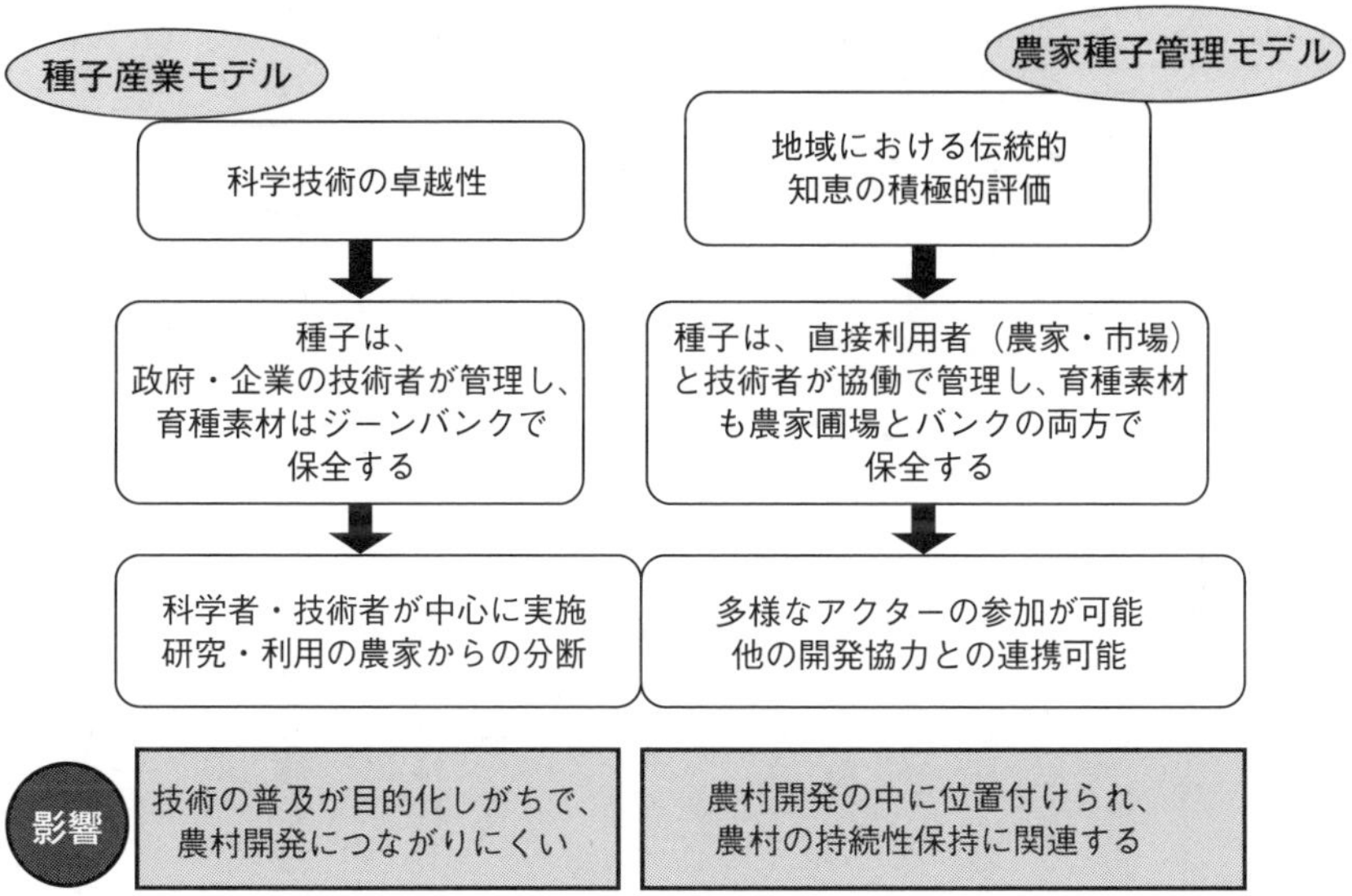
種子産業モデル
科学技術の卓越性
種子は、
政府・企業の技術者が管理し、
育種素材はジーンバンクで
保全する
科学者・技術者が中心に実施
研究・利用の農家からの分断
農家種子管理モデル
地域における伝統的
知恵の積極的評価
種子は、直接利用者（農家・市場）
と技術者が協働で管理し、育種素材
も農家圃場とバンクの両方で
保全する
多様なアクターの参加が可能
他の開発協力との連携可能
影響
技術の普及が目的化しがちで、
農村開発につながりにくい
農村開発の中に位置付けられ、
農村の持続性保持に関連する

利」という知的財産権を明示的に主張しようとせず、自分たちが、いまその場所で利用し続けることと、そのことを自己決定できる自由のみを主張している。この権利が脅《おびや》かされることのないように、条約加盟が日本国内の多様な活動に効力をもつことを期待する。

理解と連帯による種子供給システムへ

本書では、わが国で行われている農家自身を中心とした多様な種子生産と供給の価値、可能性を事例から探ろうとしている。

作物品種の多様性が、将来の育種素材としてのオプション価値だけでなく、いまそこで生きている人々に育まれ、利用される資源（直接利用価値のある資源）であることへの理解が共通して見られる。地域の環境とそれを利用・管理する人間との関係を回復していくことが、人間と生物多様性の双方にとって重要であることが理解されると、地域関係者によるインフォーマルな種子供給システムを含む遺伝資源の管理が、地域の持続性に重要な活動として認識される可能性が高い。

このような活動を通じて、「食料主権」について農家や食べるものについて考える消費者の間の活動も同時に促進されることも期待される。多くの場合、特に日本の事例においては、作物の多様性を守り、自家採種を続ける人や在来品種の野菜を食べる人々は「農民の権利」を明示的に主張しない。

国際的には、食料主権運動を推進している組織「ビア・カンペシーナ（Via Campesina）」が率先して食料主権を「人々が自分たちの食料・農業を定義する権利であり、持続可能な開発を実現するために国内（地域内＝domestic）の農業生産および貿易をよりよい状態にすること、どの程度の自律を保つかを決定すること、市場に生産物を投入することを制限することを含む」とし、農と食の活動に農家・農民を含む多様な利害関係者の関与の必要性を主張している（真嶋２０１１）。

日本で実際に作物を栽培する人たちが守り続けてきた自家採種の事例を丁寧に描写することを通じて、在来種・固定種を現場で守る人々がこの権利と国際的連帯に守られ、さらには消費者のより多面的な理解と連帯が行われることによって、インフォーマルな種子供給システムが綿々と受け継がれ、そのことが農と食の持続性を担保することを期待している。

〈注釈〉

（1）品種登録とは、品種育成にかかるコスト（知識・技術・労力等）を認識し、第三者が育成された品種を増殖することから「育成者の権利」を守り新品種の育成の促進を図るための制度である。育成された品種が「区別性：既存の品種と重要な特性において明確に区別できること」「均一性：同一世代でその特性が充分類似していること」「安定性：増殖後も世代を経てその形質が安定していること」の三点を満たすことが要求される。一般的に特許よりもゆるやかな制度となっている。在来品種は、この三点を満たすことが難しいこと、仮に満たしたとしても栽培範囲が小さく、販売量も少ないため登録する経済的メリットが少ないことから登録されることは稀である。

（2）本章の内容は、科研費研究「地域における『食料主権』を支える種子システム研究」および三井物産環境基金助成研究成果の一部である。

第2章

内外のジーンバンクにおける有用な遺伝資源の保存

農業生物資源研究所 遺伝資源センター長
河瀬 眞琴

うどん、チャパティなどの材料に使われる品種のチホクコムギ

ジーンバンクと遺伝資源

ジーンバンクとは何か

「ジーンバンク」は、直訳すると「遺伝子の銀行」である。各国は、新しい農作物や家畜の育種のためにジーンバンクをもっている。ジーンバンクといっても、遺伝子を預ける銀行ではない。ジーンバンクの役割は、さまざまな遺伝資源を保存して利活用に供することで、種子を保存する「シードバンク」、組織を生きたまま保存する「ティッシューバンク」、種子、組織、細胞などを超低温で保存する「クライオバンク」、果樹などを植えた状態で保存する「フィールドバンク」などがある。

本稿では、農業食料植物遺伝資源の保存を担っているジーンバンクについて説明する。また、国によって遺伝資源の管理と研究を行う研究機関をジーンバンクと呼ぶ場合と、その中の貯蔵施設のみをジーンバンクと呼ぶ場合がある。もちろん、村落や民間企業などが種子を保存するのもジーンバンクであるが、ここでは、国や国際機関など公的機関が組織的に運営しているジーンバンクを中心に紹介する。

育種のために多様な遺伝資源が必要

育種の素材となる品種や系統を遺伝資源と呼ぶ。では、そもそも遺伝資源とは何か。

作物の品種改良は「育種」と呼ばれるが、育種にはいろいろな方法がある。昔から農家が作り続けてきた作物品種の中から病気に強い個体を選び出したり（選抜）、掛け合わせをしたり（交配）、放射線を当てるなどして突然変異を誘起したりといったさまざまな手法を利用する。いくつかの方法が組み合わされることもある。

例えば「ふじ」というリンゴは日本で育成され、世界中で栽培され愛されている、日本が世界に誇る品種である。「ふじ」は2種類の品種、「国光《こっこう》」と「デリシャス」を交配して育成された。このように、育種の素材として使われる品種や系統を「遺伝資源」と呼ぶ。

ちなみに、「デリシャス」は米国で育成された品種である。「国光」はいかにも日本の品種のように聞こえるが、実は米国の「Ralls Janet」という品種である。つまり、ふじの成立に関係したリンゴ遺伝資源は、いずれも米国で育成された品種であった。

「あきたこまち」というイネ品種がある。これは、有名な「コシヒカリ」に「奥羽２９２号」という系統を交配して、その後代から選抜して育成された。そして、「奥羽２９２号」の系譜を見ると、フィリッピンから導入された「TADUKAN」、中国から導入された「北支太米」、米国から導入された「ZENITH」など多くの外国イネ品種も交配に用いられている。

比喩的表現ではあるが、栽培農家にとって大切な、病気に強く栽培がしやすく、たくさん収穫できるような性質、消費者にとって重要な美味しい品種をめざして育種をする過程で外国の血を入れたと言える。見方を変えると、新しい品種の育種のためには多様な遺伝資源が必要なのである。これは諸外国でも同様で、作物の育種において各国はお互いに依存している。

日本が世界に誇るリンゴの品種ふじ

交配、選抜して育成されたイネの品種あきたこまち（店頭精米）

遺伝資源確保の歴史

我が国では、今から１００年以上前の１９０３年から１９０６年、当時の農商務省（現在の農林水産省と経済産業省に相当する）は、国内各地から約４０００点ものイネ在来品種を収集、異名同種や同名異品種を整理し、６７０品種ほどを、その頃始まった近代的な交配育種の素材とした。

当時は「遺伝資源」という呼び名はまだなかったが、これこそ我が国の植物遺伝資源の事始めであった。「あきたこまち」や「ふじ」の例から分かるように、新しい品種の育成には外国産の遺伝資源が不可欠で、この点で世界の国々はお互いに依存している。

世界に目を向けると、1920年代、ソビエト連邦（現ロシア）のバビロフ（N. I. Vavilov）は、作物育種のためには多様な遺伝資源を確保することが非常に重要であると考え、世界各地で組織的な遺伝資源探索収集調査を実施した。作物には遺伝的多様性が高い中心地があり、そこから遠ざかるにつれて多様性が減少するという傾向をとらえた。

当時は遺伝的解析に利用できるバイオテクノロジーが発達していたわけではないので、主に形態形質に基づく作物種の変種をその指標とした。逆に多くの変種の見いだされるところがその栽培植物の起原地と考える「地理的微分法」を提唱し、起原地を中心に多様な遺伝資源の収集の重要性を喚起し、作物遺伝資源のコレクションを創設した。

バビロフはその後ソビエト連邦科学アカデミー内の政治的な闘争、そしてスターリニズムの犠牲となり1943年に獄死したが、収集された遺伝資源は現在のバビロフ研究所（The N.I. Vavilov All-Union Institute of Plant Industry）に引き継がれている。

遺伝資源の利用

ジーンバンクに保存される作物遺伝資源の利用目的はさまざまであるが、第一には作物の品種改良、すなわち育種、そして育種につながる研究、さらには教育をあげることができる。

「作物の改良が進めば、古い品種を遺伝資源として保存することなど必要ないのではないか」と読者は思うかも知れないが、そうではない。

遺伝的浸食の弊害に対応

先に述べたように20世紀初頭に農商務省は全国から4000品種を短期間に集めることができた。これは、農家が作り続けてきた多様な地方品種であり、それぞれの地域に適応したものだったであろう。篤農家が自分の圃場から選抜したものもあっただろうし、お伊勢参りのときに別の農家と交換した品種もあったであろう。

ひとつの集落にもたくさんのイネ品種が栽培され、水口近くに植える冷水に強い品種もあれば、糯《もち》米《ごめ》やわら細工に適した長稈の品種など異なる利用目的をもった品種もあっただろう。

現在の農家で栽培されているうるちイネ品種は、コシヒカリ、ヒノヒカリ、ひとめぼれ、あきたこまち、キヌヒカリ、ななつぼしといった少数の品種に収斂している。

水稲の全国品種別収穫量割合

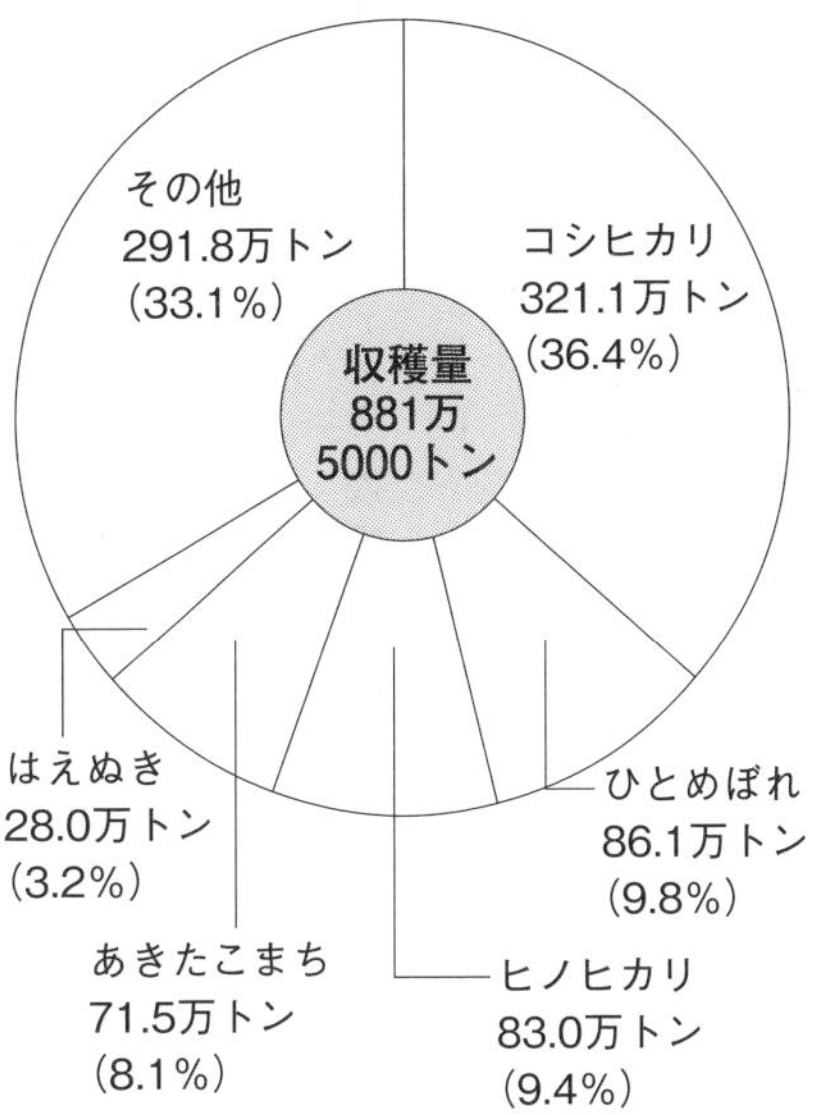

出所：農水省（2008年産）

参考までに2008年産の品種割合を図で示したが、2011年度には上位10品種で全体の約78・2%、上位20品種で86・5%を占めている。このように栽培される品種が収斂していくことを遺伝的浸食という。

しかし、栽培される品種の数が少ないと問題が生じることがある。典型的な例をふたつ紹介する。

ひとつは19世紀中頃に、餓死、病死、脱出などでアイルランド島の総人口が半分にまで減少したといわれるアイルランド飢饉をもたらしたジャガイモ疫病の流行である。

ジャガイモはもともと南米原産といわれ、コロンブスのアメリカ大陸の存在をヨーロッパに知らしめた、いわゆる「アメリカ大陸の発見」以降にヨーロッパに導入された。当初は園芸用に栽培されたようだが、狭く、寒冷な気候でも生産性が高いことなどから、アイルランドでは早くから重要な主食となった。しかし、1845年から1849年にかけてヨーロッパでジャガイモ疫病が発生し、アイルランドは壊滅的な害を被った。

そのひとつの要因は、多様な品種が栽培されていなかったためである。疫病に強い品種も弱い品種も栽培されていれば、弱い品種だけが枯れ、強い品種は残っただろう。また、弱い品種同士の感染の可能性も低くできたかも知れない。つまり、多様性がなかったことが被害を大きくしたのである。

もうひとつの例は、米国コーンベルト地帯のトウモロコシが1970年にトウモロコシごま葉枯病で莫大な害を被ったことである。

トウモロコシは、茎頂端にある雄穂から花粉を散らし、絹糸と呼ばれる長い雌穂の雌蕊に受粉することによって結実する。自家受粉（自殖）も他家受粉（他殖）もするが、自家受粉を繰り返して育成した近交系を別の近交系に交配した雑種第一代（F_1）の個体は多くの場合に多収となる。

当初はF_1を得る交配作業に除雄が必要であったが、特定の細胞質には核側に対応する遺伝子（稔性回復遺伝子）がないと細胞質雄性不稔を生じる。この細胞質雄性不稔と稔性回復遺伝子を利用すると、人手による除雄作業をする必要がなく、安価にF_1種子を生産できる。

しかし、特定の細胞質雄性不稔系統が利用されることになったため、トウモロコシごま葉枯病への抵抗性をもたない品種だけが栽培され、感染が一気に拡大した。遺伝的な多様性がなかったために大きな害を被ったのである。

近代的な農業の脆弱性がここにある。つまり、多収で栽培しやすく利用者にも喜ばれるように品種の育種が進み、その結果、少数の品種の栽培が急速に増えることによって遺伝的浸食が進行し、作物を加害する病原菌にとっては爆発的な感染の機会が増すことになるというジレンマがある。

これを防ぐには、多様な病害に対応できるような遺伝的に多様な遺伝資源を保有し、新しい病害にもいつでも対応できるようにすること、さらには、作物品種の側にもある程度の多様性を保つようにすることが重要である。

作物の起源と多様性の中心

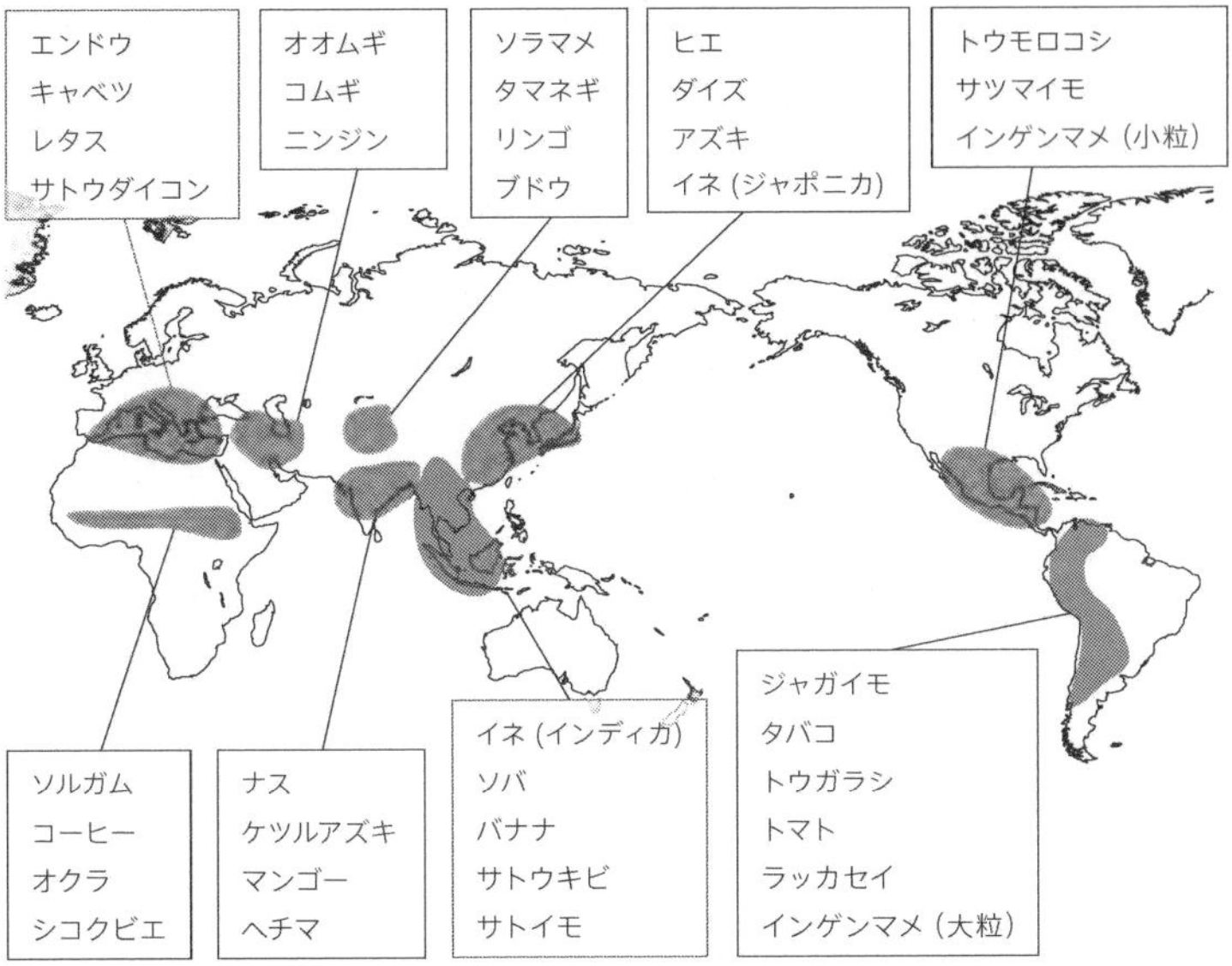

注：農業生物資源ジーンバンクホームページ

遺伝的多様性と潜在的な利用価値

１９００年に複数の研究者によって、いわゆる「メンデルの法則」の再発見がなされ、理論的な裏付けをもった方法として交配育種が発展した。１９５３年にワトソンとクリックがＤＮＡの二重らせん構造を明らかにしたころから、バイオテクノロジーの進歩は加速し、組織培養、細胞融合、放射線や化学物質を用いた突然変異の誘起、遺伝子組み換えによる形質転換といった手法が次々と開発されてきた。１９９０年頃から進歩はさらに加速し、ＤＮＡの塩基配列を解明するシーケンス技術が改良され、いまではさまざまな作物ゲノムのＤＮＡ配列が解き明かされている。

そして遺伝子そのものや近傍のマーカー遺伝子を指標に効率よく有用形質の選抜が行えるようになってきた。バイオテクノロジーによってさまざまな品種改良が可能となった。

では、技術の進展によって遺伝資源はもはや不要になったのか？　いや、むしろ重要性を増している。解析技術の進歩は、さまざまな遺伝的変異があることによって可能になったのだ。安価かつ詳細に遺伝子レベルで解析するその技術に裏打ちされることによって、保存されている遺伝資源が有する遺伝的多様性や潜在的に有している利用価値がやっと明らかにされ始めている。

世界のジーンバンク

世界中を見渡してみると、多くの国がジーンバンクを設置している。植物遺伝資源の確保はその国の食料安全保障に直結すると考えられており、大国が多くの植物遺伝資源を確保する傾向が見られる。

米国の取り組み

国際連合食糧農業機関（ＦＡＯ）が２０１１年に発行した『世界植物遺伝資源白書 第二版』によると、50万点を超える植物遺伝資源の保有を誇っているのは米国である。

米国農務省（ＵＳＤＡ）農業研究局（ＡＲＳ）は、国家的研究事業として州、連邦政府そして民間機関の協力のもと、国立植物遺伝資源システム（ＮＰＧＳ）すなわちジーンバンク体制を運営し、植物の遺伝的多様性を入手し、保存し、評価し、文書記録化し、配布している。このシステムに導入される個々の植物遺伝資源には、特定するために植物導入番号（PI number）が与えられている。

米国農務省のＮＰＧＳは、保存している遺伝資源とその情報について非常にオープンな姿勢をもっていて、国内外に遺伝資源に関する情報を公開している。植物遺伝資源に関する情報は、遺伝資源情報ネットワーク（ＧＲＩＮ）を通じて公開されている（http://www.ars-grin.gov/）。

その中核を担っているのは、ベルツビル農業研究センター（ＢＡＲＣ）傘下の植物科学研究所（ＰＳＩ）の国立遺伝資源ラボ（ＮＧＲＬ）である。作物ごとに農務省や大学の専門家からなる遺伝資源委員会が、遺伝資源の収集、特性評価、情報交換などについて計画し、活動している。

ＮＰＧＳは、米国国内はもとより海外からの作物遺伝資源の依頼にも応じて配布している。

中国の取り組み

中国は39万点強を保有している。その中核機関は農業科学院傘下の中国作物種質庫（北京）で、40万アクセッション（受け入れ物）を保存できる長期種子保存施設を有している。

このマイナス18℃の長期種子貯蔵施設は、ロックフェラー財団や国際植物遺伝資源理事会（International Board for Plant Genetic Resources 現在のBioversity Internationalの前身）の援助を受けて１９８６年に建設された。それ以前の１９８５年にはマイナス10～０℃の別の種子貯蔵施設を独自に建設しているが、これも20万～25万点を貯蔵できると言われている。

中国の遺伝資源情報は中国作物種質信息系統（ＣＧＲＩＳ）というシステムで管理されているが、残念ながら中国国内向けの機関であり、個々の遺伝資源情報は公開されていない。

インドの取り組み

インドでは、農業省のインド農業研究協議会（ＩＣＡＲ）傘下の植物遺伝資源局（ＮＢＰＧＲ）も、英領インド時代から１００年以上の歴史をもつジーンバンクであり、35万点弱を保存している。種子貯蔵庫を含む中枢施設はニューデリーのプサ地区にある。インドには熱帯、亜熱帯からヒマラヤの高山帯まであり、気候も生態系も多様性に富む。

異なる生態的地域、そしてそれぞれの地域に特徴的な作物に対応するため、ジャンムー・カシミール州のスリナガール、ヒマチャルプラデシュ州のシムラ、ウッタラカンド州のボーワリ、オリッサ州のカタック、アーンドラプラデッシュ州のハイデラバード、ダジャスターン州のジョドプール、ジャールカンド州のラーンチー、メガラヤ州のシロン、ケララ州のトリッスール、マハラシュトラ州のアコーラに地域研究所を有している。

植物遺伝資源を保存し研究するＮＢＰＧＲの重要な役割は、ＩＣＡＲ傘下のインド農業研究所（ＩＡ

各機関（国内・海外）が保存している植物遺伝資源点数の比較

国内			
管轄	機関名	作物	点数
農水省	農業生物資源ジーンバンク	 稲 麦類 豆類	計24万1000 4万4000 6万2000 1万8000
文科省	国立遺伝学研究所	稲	1万3000
	岡山大学	大麦	1万
	横浜市立大	小麦	
	京都大	小麦	2万
都道府県	北海道		3万3000

海外		
国・機関名	作物	点数
アメリカ		55万
中国		35万
ロシア		33万3000
インド		34万2000
CIMMYT	小麦 トウモロコシ	13万7000
ICRISAT	豆類	11万1000
ICARDA	大麦	10万9000
IRRI	稲	8万1000

CIMMYT：国際トウモロコシ・コムギ改良センター
ICRISAT：国際半乾燥地熱帯作物研究所
ICARDA：国際乾燥地農業研究センター　IRRI：国際稲研究所
出所：農林水産技術会議「農業を支える基盤リソース―遺伝資源―」

ＲＩ）などの研究開発機関で実施されている育種への遺伝資源の供給である。また、インド国内の植物遺伝資源の海外への配布や、海外の遺伝資源の導入においても、ＮＢＰＧＲがその窓口となっている。

ロシアの取り組み

ロシアでは、先に述べたバビロフ研究所が作物の遺伝資源に関する研究所であり、貯蔵施設に32万点強の植物遺伝資源を保有している。

その本部はサンクトペテルブルク（旧レニングラード）に設置され、またモスクワ、コーカサス地方、極東などに試験場を有し、広い国土の多様な気候・生態条件や多様な作物種類に対応し、研究を行っている。

バビロフ研究所の組織には、遺伝資源貯蔵施設としてのジーンバンク以外に、主要な作物ごとの研究部、植物導入、バイオテクノロジー、分子生態遺伝学、情報システム、現地保存、国際渉外などの部局が設置されている。

ドイツの取り組み

ドイツでは、ライプニッツ植物遺伝作物学研究所（ＩＰＫ）にジーンバンクが設置されている。およそ15万点の植物遺伝資源を保有しており、その中には、穀類約７０００点、マメ類約３０００点、野菜類約1万２０００点、薬用植物・香辛料約７０００点、ジャガイモ約２０００点、牧草類約２０００点などが含まれる。また、40万点を超える腊《せき》葉《よう》（押し葉）標本も保存している。

国際機関と遺伝資源の考え方の変遷

ＦＡＯによる育種材料世界目録の作成

国際連合食糧農業機関（ＦＡＯ）は１９４３年に連合国食糧農業会議で設置が決定され、食料生産の向上、飢餓の撲滅を目的として第二次大戦直後に創設された機関であり、世界各地で起こっている飢餓など食料問題の解決に科学的な育種による生産性の向上が重要であることに早くから着目していた。

ＦＡＯの植物・動物育種材料小委員会において植物育種材料や情報を自由に交換することが勧告されたことにより、１９５０年にコムギとイネの育種材料世界目録（オオムギは１９５９年）の発行が始まり、世界の育種家からの育種材料の求めに応じて交換し利活用を促進するネットワークが始まった。当時は植物育種材料のことを、遺伝資源（genetic resources）ではなく、遺伝株（genetic stocks）と呼んでいた。

日本も、このネットワークに１９５３年から参加した。イネに関しては農林省農業技術研究所（平塚）が窓口となり、主要な在来品種およびすべての命名登録品種をＦＡＯに登録し、要請に応じて国際的に提供するとともに、世界各地のジャポニカ品種を導入してその保存配布のセンターとしての役割を担うこととなった。

多様な国際農業機関がジーンバンクを設置

１９６０年代には国際農業研究機関が次々と設立

された。フィリピンにはフィリピン政府、ロックフェラー財団、フォード財団などの協力で国際稲研究所（ＩＲＲＩ）が、メキシコにはメキシコ政府とロックフェラー財団の協力により国際トウモロコシ・コムギ改良センター（ＣＩＭＭＹＴ）が組織され、育種も組織的に進められるようになり、これらの国際農業研究機関は膨大な量の遺伝資源を保存するジーンバンクを設置した。

ＩＲＲＩ、ＣＩＭＭＹＴ以外にも、国際熱帯農業センター（ＣＩＡＴ、コロンビアに本部を設置）、国際馬鈴薯センター（ＣＩＰ、ペルー）、国際乾燥地農業研究センター（ＩＣＡＲＤＡ、シリア）、国際半乾燥熱帯作物研究所（ＩＣＲＩＳＡＴ）、国際熱帯農業研究所（ＩＩＴＡ、ナイジェリア）、アフリカ稲センター（ＷＡＲＤＡ、当初はリベリア）などがあり、それぞれ独自のジーンバンクをもっている。現在、これらの機関は１９７１年に設立された国際農業研究協議（ＣＧＩＡＲ）の傘下に入っている。

また、収集・保存を含む植物遺伝資源の活動を国際的に調整するために、国際植物遺伝資源理事会（ＩＢＰＧＲ）が１９７４年に設立され、当初その事務所はＦＡＯ内に置かれた。１９９１年に国際植物遺伝研究所（ＩＰＧＲＩ）となって独立し、ＣＧＩＡＲのサポートを受けることになり、１９９４年には国際バナナ・プランテイン改良ネットワークと統合、２００６年にはバイオバーシティ・インターナショナルと名称変更した。

前述の国際農業研究機関が、例えばＩＲＲＩならイネ、ＣＩＭＭＹＴならトウモロコシとムギ類といった専門とする作物分野をそれぞれもっているのに対し、バイオバーシティには専門とする特定の作物はない。バイオバーシティは独自のジーンバンクを保有せず、専ら遺伝資源に関する国際協力を調整している。

ＧＣＤＴと世界種子貯蔵庫

今まで紹介してきた国際農業研究機関とは別に、グローバル作物多様性トラスト（ＧＣＤＴ）という組織が、ＦＡＯとＣＧＩＡＲの連携下に設立された。ＧＣＤＴは欧米各国政府や民間財団から資金を調達し、途上国の遺伝資源にかかわる能力向上を目的とした助成を行い、また、ノルウェー政府がスヴァールバルに建設した世界種子貯蔵庫（Svalbard Global Seed Vault）を運営している。

この世界種子貯蔵庫は、通常のジーンバンクとは異なり、ブラックボックスの形で種子を預かっている。世界種子貯蔵庫に預けておくと、例えば天災や戦争などで大切な植物遺伝資源が失われたときに、この世界種子貯蔵庫から送り返してもらえる。

「遺伝資源は人類共通の財産」としたFAO

FAOは1950年代の育種材料世界目録の時代から、「植物遺伝資源は自由に入手して利活用するべき人類共通の財産」という基本的考え方に基づいていた。この考え方は1983年には植物遺伝資源に関する国際申し合わせ（IUPGR）として採択された。

しかし、工業化にともなって知的財産に関する権利意識が早くから高まった先進国側からは、育種家の権利（育成者権）は守られなければいけないという意見が出された。一方、発展途上国側からは、長年遺伝資源を育み維持保存してきた農民の権利は守られなければいけないという意見が出されるようになった。これは、植民地時代も含め遺伝資源を先進国が一方的に利用してその利益を享受しているという考えである。

遺伝資源は原産国の主権の問題と主張されるようになった。これらの主張はそれぞれIUPGRの付属書となった。

MLSによる利益配分メカニズム

2010年、名古屋で生物多様性条約（CBD）の第10回締約国会議（COP10）が開催されたことを記憶している読者も多いだろう。CBDは、人間の活動によるさまざまな環境問題に対して議論され制定された条約である。

1972年、スウェーデンのストックホルムで開催された「国連人間環境会議」では、「自然環境の保全を行うことによって人間の生活も守っていこう」という考え方である「人間環境宣言」が出された。そして、国連の補助機関として国際連合環境計画（ＵＮＥＰ）が組織された。汚染問題や自然環境問題、貧困の問題など各国の立場は多様で、特に先進国と開発途上国との主張には隔たりが大きかったが、専門家会合における検討や政府間条約交渉会議を経て、１９９２年にケニアのナイロビで開催された合意条文採択会議において全会一致で採択された。

　ＣＢＤの目的とするところは、「生物多様性の保全」「生物資源の持続可能な利用」そして「遺伝資源の利用から生ずる利益の公正かつ衡平な配分（ＡＢＳ）」の3点に要約できる。

　しかしながらＡＢＳに関しては、先進国と開発途上国との間だけでなく、さまざまな主張があり、どのように実現していくか合意が難しく議論が続けられ、ボン・ガイドライン、そしてＣＯＰ10の名古屋議定書の採択に至っている。

　ＣＢＤには、各国は自国の天然資源に対する主権的権利を有することが明確に記述され、これによって「遺伝資源は人類共通の財産」とするＦＡＯのＩＵＰＧＲは改訂を迫られた。ＦＡＯにおける各国の協議の結果、食料及び農業のための植物遺伝資源に関する国際条約（ＩＴＰＧＲＦＡ）を作ることになり、２００1年に採択され、２００4年に発効した。

　ＩＴＰＧＲＦＡは、ＣＢＤの謳《うた》った自国の主権的権利との調和をとり、かつ、食料及び農業のための植物遺伝資源取得の促進と多数国間システム（ＭＬＳ）による利益配分メカニズムの策定を決めた。つまり、最も重要な点は、アクセス促進（facilitated access）である。残念ながら、わが国はＦＡＯでの採決に棄権し、本条約には長い間未締結であった。

　ＩＴＰＧＲＦＡのＭＬＳの運用のために、パブリックドメイン（公的な共有財）にある遺伝資源が簡便にやりとりできる定型の素材移転契約（標準移転契約　ＳＭＴＡ）が２００6年に定められた。アメリカ合衆国や中国なども加盟していないが、２０１3年7月現在で１２9の国と地域が加盟して、食料及び農業のための植物遺伝資源に関しては国際的標準となっている。

日本のジーンバンク事業

１９８５年にジーンバンク事業を開始

　戦後、わが国では農業試験研究機関の再編成計画が進められた。その結果、主要作物の育種材料研究室が１９５３年頃に設置され、育種材料として遺伝資源が保存されてきた。これは、ＦＡＯの育種材料世界目録にわが国が参加した頃であり、当時から遺伝資源の重要性を認識していたといえる。

配布用種子貯蔵庫のある農業生物資源研究所

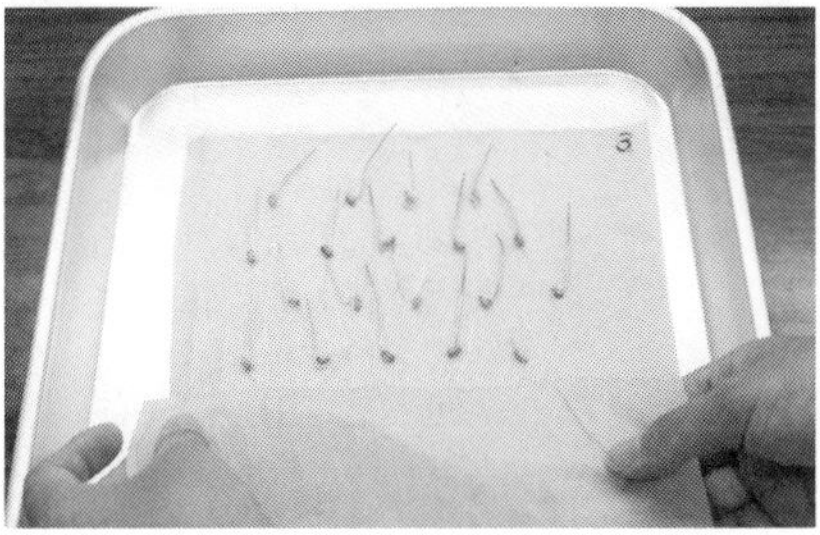

イネ種子などはキッチンタオルに巻き込んで、給水して発芽試験を行う

　１９６６年、農林省（当時）は農業技術研究所（平塚市）に種子貯蔵施設を設立し、１９７７年には筑波研究学園都市として開発が進められていた茨城県筑波郡谷田部町（１９８７年に３町１村が合併してつくば市となった）に二代目種子貯蔵施設を建設した。農業関係の研究機関も次々と筑波研究学園都市に移転しつつあり、１９８３年には組織再編により農業生物資源研究所が農業研究分野の基礎・基盤研究を担う研究組織として設立された。

　農林水産省は１９８５年に「農林水産省ジーンバンク事業」を開始した。植物、動物、微生物、水産生物といった幅広い遺伝資源の探索収集、特性評価や分類同定、保存管理、増殖、そして配布など、それまで個別に行われていた遺伝資源に関する活動を集約・拡充した。１９８７年度からは林木も加えられた。

　農林水産省ジーンバンク事業は、植物、動物、微生物の遺伝資源については、農業生物資源研究所をセンターバンク、日本各地の農林水産省傘下の試験研究機関等をサブバンクとして組織的に保存し利活用を図るというものである。1988年には三代目種子貯蔵施設（つくば市）が竣工し、配布用種子庫（マイナス1℃）として稼働を始め、古い二代目施設は永年用種子庫（マイナス10℃）として利用されることとなった。

2001年から現体制に

1985～1992年度の第一期に引き続き、1993～2000年度の第二期事業が実施され、遺伝資源の収集、特性評価と育種素材化、保存と情報整備、配布等の活動が確立した。1993年にはイネゲノム研究の進展に併せてDNAバンクも加えられた。

2001年4月に農林水産省傘下の研究機関の多くは独立行政法人となったが、農業生物資源研究所、蚕糸・昆虫研究所、家畜衛生試験所の一部などが再編され、独立行政法人農業生物資源研究所が誕生した。「農林水産省ジーンバンク事業」のうち植物、動物、微生物、DNAの各部門の活動は、農業生物資源研究所の事業として名称を「農業生物資源ジーンバンク事業」と改めて受け継がれた。

事業の推進体制は基本的に踏襲され、農業生物資源研究所がセンターバンク、㈱農業・食品産業技術総合研究機構を始めとする複数の機関がサブバンクとして、連携して一体的に運営されている。林木遺伝資源や水産生物遺伝資源は、それぞれ㈱森林総合研究所と㈱水産総合研究センターが継続して担っている。

センターバンクの役割は、専門家による遺伝資源の国内外からの収集、分類、同定、特性評価、増殖、保存、配布および情報の管理提供である。

植物および動物遺伝資源分野のサブバンクは、多くが特定の作物や家畜の育種を行う研究単位である。微生物遺伝資源としては、主に植物の病原微生物を対象としており、サブバンクは多くが植物病理の研究単位（動物衛生の研究単位もある）である。サブバンクはセンターバンクからの委託を受け、例えば、イモ類や果樹など栄養体での保存、地域の環

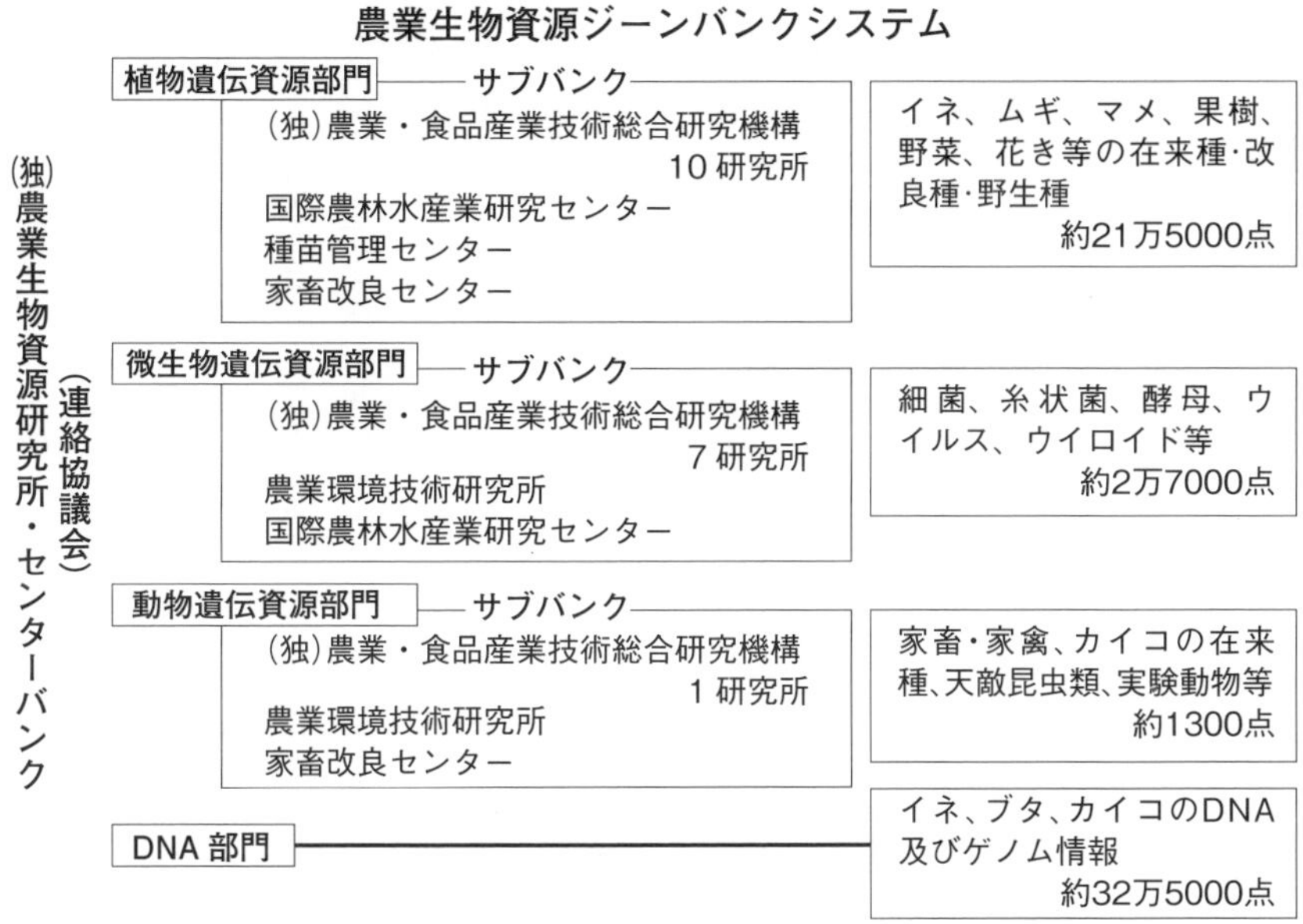

出所：農業生物資源ジーンバンクホームページをもとに加工作成　　(保存点数は平成22年度実績)

境条件に則した特性評価、種子の増殖を行うなど、センターバンクだけでは十分に実施できない分野を分担・補完する。

農林水産省以外のジーンバンク

わが国にはこの他、北海道や広島県が独自に運営しているジーンバンクもあるし、特定の作物や植物については大学や民間企業なども貴重な遺伝資源を管理している。

文部科学省はライフサイエンスの総合的な推進を図るため、２００２年度から、実験動植物や微生物等のバイオリソース（動物・植物・微生物の系統・集団・組織・細胞・遺伝子材料等およびそれらの情報）の戦略的な整備を行う目的で「ナショナルバイオリソースプロジェクト（ＮＢＲＰ）」を実施し、現在は実施主体の大学や研究機関に対する補助事業として研究基盤の整備に努めている。

例えば、大学共同利用機関法人情報・システム研究機構 国立遺伝学研究所では野生イネやイネ栽培品種、イネ突然変異系統などを、京都大学ではコムギとその近縁種、岡山大学ではオオムギ等々が保存されている。

ジーンバンク事業が育種材料として保存と利活用促進を目的としているのに対し、ＮＢＲＰはより学術的な実験系統として利用されており、それぞれの目的に応じた系統維持が行われている。収集品が自然災害などで滅失しないように、ＮＢＲＰのイネ、コムギ類、オオムギ等の一部は、農業生物資源研究所の貯蔵庫で重複保存して万一に備えるなど農林水産省ジーンバンク事業との協力もある。

農業生物資源ジーンバンク事業の活動

植物が地上に生息域を広げて約4億年。シダ類や裸子植物、被子植物を含めて30万種あるいはそれ以上といわれ、食料として利用できるものがそのうち約8万種。人間が農耕を開始し、栽培植物すなわち作物が誕生したのが約1万年前。現在、作物といわれる植物は約５０００種に上るといわれている。

そのうち、恒常的に育種が行われているのは３００種しかなく、国際的なマーケットができていて、産業投資があるのは30種程度しかない。もちろん、食用以外の作物も含め農業上重要である作物について、その遺伝資源を確保する場がジーンバンクである。

約22万点の植物遺伝資源を保存

ここでは、最近の農業生物資源ジーンバンク事業の活動について簡単に紹介しよう。

植物分野では、イネ類、ムギ類、マメ類、イモ類、雑穀・特用作物、牧草・飼料作物、果樹類、野菜類、花き・緑化植物、茶、クワ、熱帯・亜熱帯植物等といった育種の対象となる食料・農業に用いられる植物を対象に遺伝資源を収集・保存し、特性評価のデータを付与し、必要に応じて再増殖を行って維持・保存している。

遺伝資源がどこから収集された、どこで育成されたといった来歴情報（パスポート情報という）、どのような形態的・生理的特徴をもち、どのような特性をもっているかといった特性情報をデータベースに格納し、インターネットなどで広く公開している。育種、研究、そして教育を目的とした配布請求に応じて基本的に有料で遺伝資源を配布している。

前述のセンターバンク、サブバンクを含めた事業全体で保存している植物遺伝資源の総数は2012年11月末集計で21万9081点あり、そのうち18万4209点が種子で保存され、3万5602点は栄養体や培養系で保存されている。

細かく区分けされた配布用種子貯蔵庫。氷点下1℃、湿度30%を保っている

植物種類別に見ると、イネ類3万7312点、ムギ類5万8181点、マメ類2万230点、イモ類5502点、雑穀・特用作物1万6964点、牧草・飼料作物3万1181点、果樹類8443点、野菜類2万5552点、花き・緑化植物類4269点、茶6632点、クワ1389点、熱帯・亜熱帯作物219点、その他の植物3207点が保存されている。

2011年度は6954点を配布提供

そのうち12万点強は、配布のために保存されているアクティブ・コレクションである。これには、育種、研究、教育目的であれば配布に制限のないものもあれば、何らかの配布制限が付されているものもある。

配布制限のない植物遺伝資源は農業生物資源ジーンバンクのホームページで公開されており、必要な人はこのサイトから配布を請求することができる。2011年度には、アクティブ・コレクションとして保存している植物遺伝資源に対する配布申込に応じ、6954点を配布提供している。

遺伝資源に関する情報を収集するだけではなく、情報管理ためのプログラムの改良も進めており、ジーンバンク事業のWEBサイトへのアクセス件数は、年間600万件を超えている。

植物以外の遺伝資源の保存と提供

微生物遺伝資源分野では、主に植物の病原微生物を中心に収集が行われており、糸状菌1万6445株、細菌1万456株など、総計2万9381株を保存し、そのうち2万2800株がアクティブ・コレクションである。

動物分野遺伝資源分野では、総計1850点（大型家畜は個体別、それ以外は系統数という具合に対象によって数え方は異なる）で、そのうちアクティブ・コレクションは1465点である。動物といっても最も数の多いのはカイコ遺伝資源の721点であり、これは明治期以降、わが国の輸出産業として養蚕が重要であったことを反映している。

哺乳類の家畜の場合には、サブバンクである㈱家畜改良センターや㈱農業・食品産業技術総合研究機構 畜産草地研究所では生体が保存されているが、それ以外に、凍結精液のように液化窒素のタンクにおける生殖細胞の保存も実施している。

DNA部門では、植物DNAクローンが41万7810個、家畜等のDNAクローンが17万8299個、昆虫DNAクローンが6万6139個保存されている。

微生物や動物の遺伝資源も配布申込に応じ配布している。また、DNAバンクでは各種DNA情報や関連ゲノム情報に基づくデータベース・ツール類の維持管理・公開提供を実施して研究ユーザーに供している。

利活用促進のために保存遺伝資源を整備

遺伝資源の利活用促進という点でいうと、研究されず情報の乏しい遺伝資源は、なかなか使われない。遺伝資源を対象とする研究を実施して、遺伝的多様性や特性評価といった情報が付与されて、はじめて遺伝資源利活用の可能性が広がる。逆にいえば、ジーンバンク事業は、単なる遺伝資源の倉庫管

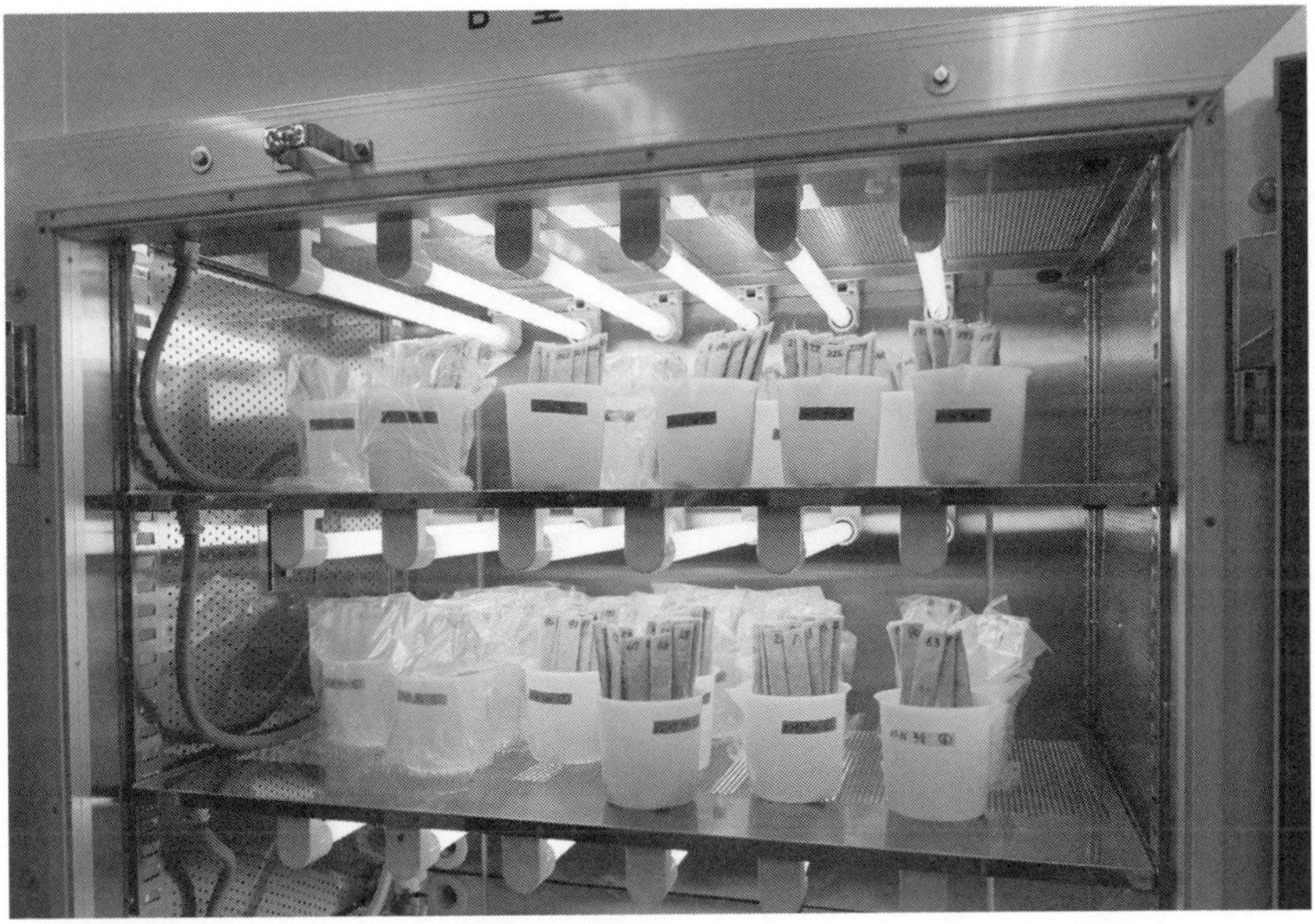

発芽試験を行うチャンバー（恒温器）の内部

理ではない。

また、非常に似通った系統や栽培増殖の難しい近縁野生種などは、その維持管理にも常に研究者の目を必要としている。

センターバンクである㈱農業生物資源研究所では、中期計画に掲げた中課題「農業生物遺伝資源の充実と活用の強化」の下に、「農業生物資源ジーンバンク事業の推進」「多様性解析によるジーンバンク遺伝資源の高度化と活用」「微生物の分類同定と諸特性の評価」「遺伝資源の保存法と情報管理・提供の高度化」「突然変異を活用した新遺伝育種素材の開発」といった小課題を立て、基盤的ではあるが研究課題として位置付けられている。

サブバンクは、その多くが育種などの研究単位であり、研究者が担当している。センターバンクではサブバンクその他の研究機関との連携協力によるジーンバンク事業を調整しながら、それぞれの研究で支えている。

２０１２年度のジーンバンク事業では、植物部門では９隊の国内収集調査、３課題の海外共同調査を実施するとともに、計画に基づいて再増殖、導入遺伝資源の無毒化を行い、遺伝資源の整備を進めた。先に述べたような国際情勢もあり、海外における遺伝資源探索を実施することは簡単ではない。アジア諸国を中心に各国のジーンバンクなど中核的農業研究機関と研究協定を結び、ＣＢＤなどの国際的なルールに準拠した形で共同現地調査を実施し、合意が得られる場合にはその国のジーンバンクの保存する遺伝資源を分譲していただいて日本への導入を行っている。

毎年度、形態的特性、生理生態的特性、ストレス耐性、品質などについて植物、動物、微生物の各分野で植物遺伝資源の特性評価が進められている。最近ではイネ、コムギ、ダイズ等の遺伝資源などについてはゲノム研究の進捗により遺伝的多様性の解析手法が進歩するとともに低コストで簡便な操作で行えるようになったため、ＤＮＡ塩基配列情報に基づく分子特性評価を実施している。特にイネでは、すでに５０００点のアジア在来遺伝資源について多型（遺伝的な変異）解析を行い、蓄積した分子特性データの公開をまだ一部ではあるが開始した。

このような多型解析に基づいて、最少の系統数で移転的多様性を最大限代表させる遺伝資源のセット（ＮＩＡＳコアコレクションと呼ぶ）を整備し、すでに配布をしている。世界のイネ・コアコレクション、日本在来イネ・コアコレクションなどがあるが、最近では、日本のダイズ、世界のダイズ、コムギ・コアコレクションを公開し、他作物のコアコレクションも計画が進行している。

一方、保存している微生物遺伝資源についてもＤＮＡ情報の解析を行い、分類を再検証し、必要に応じて同定を改め、正しい情報をユーザーに提供している。

また、植物において種子ではなく栄養体の保存は、広い圃場や労働コストがかかるため、液化窒素を用いた超低温保存法の開発も進めている。クライオプレートと呼ぶアルミプレートを用いた合理的な手法による超低温保存法を開発しており、すでにミント、イチゴ、クワ、カーネーション、バレイショで良い結果が得られている。

ジーンバンクの将来

遺伝資源への多様なアプローチ

国際条約であるＣＢＤの用語では、『「遺伝素材」とは、遺伝の機能的な単位を有する植物、動物、微生物その他に由来する素材をいう』とし、『「遺伝資源」とは、現実の又は潜在的な価値を有する遺伝素材をいう』としている。ＩＴＰＧＲＦＡでは、『「遺伝素材」とは、植物に由来する素材であって遺伝の機能的な単位を有するもの（生殖能力を有する素材及び栄養繁殖性の素材を含む）』とし、『「食料及び農業のための植物遺伝資源」とは、植物に由来する遺伝素材であって食料及び農業のための現実の又は潜在的な価値を有するものをいう』としている。

出庫作業。配布のための種子を取り出す

遺伝資源と一口にいっても、非常に多様なものを含みうる概念なのだ。何を遺伝資源と考え、保存するかには多様なアプローチがありうる。

農業分野の遺伝資源の保存というと何か特別のことのように思われるかもしれないが、これは、農家や地域といった農業の現場で地方品種等を栽培し続けてきたことが基本である。

農家は新しい特性を持った個体を意識的に選抜し、あるいは無意識のうちに地域の環境や農業慣行に適したものが選抜されてきた。農業の近代化に伴って、国や地方自治体、民間の育種が進み、作りやすくて生産性が高く、消費者に喜ばれる品種が育成されるようになり、農業現場では遺伝的侵食が進む一方、多様な育種素材の確保が必要となった。そして、近代国家による育種材料の確保として中核的なジーンバンクが発達した。

ジーンバンクでは、保存だけでなく利活用促進が目的であり、体系的な情報を蓄積し、同じ系統を要求すれば同一のものが提供されることが求められている。そのため、農業現場に存在した多様性からサンプルを取り出して保存しているともいえる。一方で、農業の現場における地方品種は同じように見えても必ずしも遺伝的に均一とはいえず、例えばいろいろな植物病害が発生すると病害抵抗性に強い遺伝子型が選抜されるように、環境の変動に応じて、集団の遺伝的構成は常に変化する。

国際条約運用の中核機関へ

先に述べたように、わが国は長い間ＩＴＰＧＲＦＡに未締結であったが、２０１３年６月19日の参議院本会議、６月24日の衆議院本会議でＩＴＰＧＲＦＡの締結が承認され、10月末条約加盟国となった。

農業生物資源ジーンバンク事業を実施する農業生物資源研究所は、わが国のＩＴＰＧＲＦＡの運用の中核機関となるだろう。ジーンバンク事業に登録された植物遺伝資源のうち制限なく配布できるものは、政府の監督下にあるパブリックドメイン（公的な共有財）の植物遺伝資源であり、ＩＴＰＧＲＦＡのＭＬＳ上の遺伝資源としてＩＴＰＧＲＦＡのアクセス促進の対象となり国際的により多くの利活用の機会をもつだろう。

そのためには、ジーンバンクの遺伝資源管理体制などはＩＴＰＧＲＦＡに沿うように、文字通りＩＴＰＧＲＦＡ時代にふさわしいものに変化していくだろう。

第３章

在来種・固定種の種を見直し受け継いでいくために

種苗交換会（日本有機農業研究会）

種苗交換会や種子の冷凍保存、種苗ネットワーク化による自家採種運動

林　重孝（日本有機農業研究会）

有機農業に向いている固定種

日本有機農業研究会は、「環境破壊を伴わず地力を維持培養しつつ、健康的で味の良い食物を生産する方法を探究し、その確立に資するとともに、食生活をはじめとする生活全般の改善を図り、地球上の生物が永続的に共生できる環境を保全すること」を目標に掲げ、有機農業の生産者と消費者、研究者を中心に1971年に結成された団体である。現在は特定非営利活動法人となっている。

慣行農業は、農薬や化学肥料の使用を前提として生産や出荷の効率を第一に考えた農業であり、生育や形成が均一になるようにつくられたF_1種は、そのような農業に向けてつくられた品種である。農薬や化学肥料の使用が前提にされている時点で、これらの品種は有機農業には向いていない。

また、野菜の市場を左右する力を持つ外食産業では、例えばニンジンであれば味はまずくても切り口

が赤いような、見栄えのするものが好まれる。さらにマニュアル通りの調理や加工で常に一定の味付けになるよう、クセのない味のものが好まれるため、種苗会社はそのような特性を持つ品種を開発することとなる。このような野菜は、私たちが求めている本物の味がする野菜ではない。

　一方、先祖代々種を採り続けられてきた在来野菜（固定種）は、農薬や化学肥料のない時代からつくられてきたものであり、有機農業に適している。その味や風味も、野菜本来のものを持っている。

収穫期の黒ささげ。莢が着色し、乾燥する

黒ささげを莢ごと天日乾燥する

　ブドウの巨峰を育成した故・大井上康《おおいのうえやすし》氏は「品種に勝る技術なし」という名言を残している。日本有機農業研究会としても野菜を美味しくする技術として土づくりをはじめとした有機農業の生産技術があるとともに、やはり品種そのものも大切だと考えており、有機農業に向く固定種を守り育てていく自家採種運動をさまざまに展開している。

種苗交換会で自家採種運動を推進

手持ちの固定種の種を増やすために

　日本有機農業研究会における自家採種運動の発端となったのは、1982年、有機農業の先駆者である金子美登《よしのり》さん（埼玉県比企郡小川町）や大平博四《ひろし》さん（東京都世田谷区）の発案により、金子さんの霜里《しもさと》農場で開催された関東地区種苗交換会である。

　それまで有機農業を行ってきた経験から、農薬や化学肥料の使用が前提となるF_1種がうまく育たないことに気がつき始めていた。また、種を採ることができず毎年購入しなければならないF_1種は、経費がかかるだけでなく、生産活動の根本を種苗会社に握られていることになり、農家の自立という観点からすると大きな弱みとなってしまう。

この種苗交換会は、関東各地で先祖代々種採りをしてきた固定種の種苗を見つけ出し、互いに交換して手持ちの有機農業に向く品種を増やしていくことで、関東地域の有機農業の発展を図ろうという考えから開催されたものだ。

種苗交換会（2008年３月、日本有機農業研究会全国大会in東京）

たねとりくらぶの会場は農家持ち回り

このような考えのもと、関東地区種苗交換会は現在まで毎年開催されている。２００２年、関東地区種苗交換会ではイメージが堅すぎるため、「関東たねとりくらぶ」と名称を変更したが、行っていることや考え方は同じだ。

この関東たねとりくらぶは、会場が農家持ち回りであり、大人数が参加することができないため、開催を一般に告知していない。そのかわり、日本有機農業研究会の全国大会や種苗研修会（たねとりくらぶのつどい）の際にも種苗交換会を開催しており、日本有機農業研究会の機関誌『土と健康』で告知している。ここには全国の有機農家だけでなく、家庭菜園で固定種を栽培したり自家採種をしている人も多く参加している。年々参加者は増えてきており、自家採種の機運の高まりを感じることができる。

また、固定種は地域特有のものであり、種苗交換会はなるべく地域に即した活動であるべきだという考えから、日本有機農業研究会は各地域が主体とな

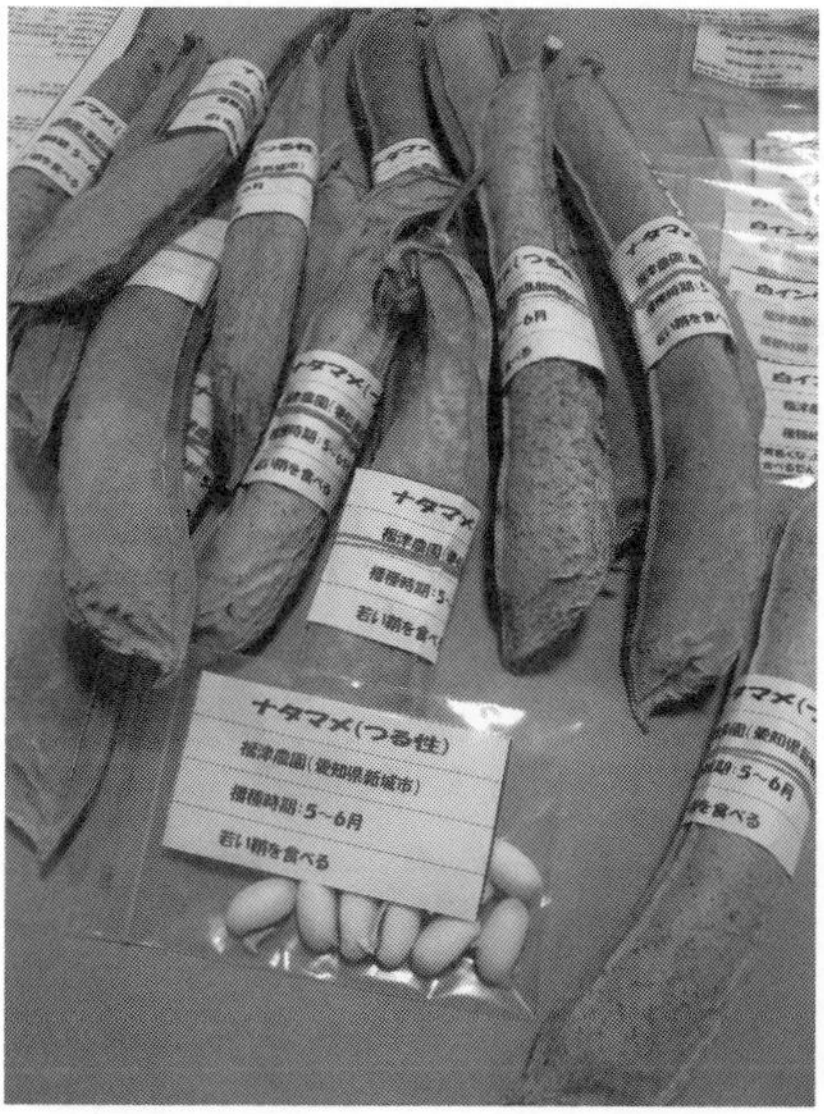

なたの形に似た莢の中に長円形の種子を10～14個持つナタマメ

出品されたダイズ（津久井在来）

つる性の１年草果菜はやとうり

った種苗交換会の開催を推奨している。各地域から「種苗交換会を開催したいが、どうしたらよいのか分からない」といった問い合わせも多くなったこともあり、２００２年、関東たねとりくらぶでこれまで積み上げてきた約束事をまとめた「種苗交換会開催要領」を策定している。

これは、あくまでモデル的なものではあるが、この要領を基に各地で種苗交換会が活発に開催されることで、固定種の自家栽培・自家採種がより広がることを願っている。以下に、参考までに開催要領を紹介しよう。

種苗交換会の開催要領（例）

①種苗から自家栽培し、種苗の自家採取・繁殖を行っている方や行いたい方は、交換する種苗のある・なしにかかわらず、どなたでも参加できます。ただし、種苗販売業者とその従業員の方は、参加できません。

②参加費は一人５００円で、同伴家族の方は無料です。

③交換する種苗は、自家採取した種苗に限ります。また、他人の種苗登録その他の権利を侵害するような種苗は交換に出さないでください。
④交換する種苗は適宜小分けし、それぞれに住所・氏名、種苗の品目・品種名、特性、栽培および採種方法を記載した書面を添付して持参し、会場に展示してください。
⑤交換する種苗を展示した方は、会場に展示された種苗の中から希望する種苗を持ち帰れます。
⑥交換する種苗を持参した方々による種苗の交換が終わった後、会場の種苗の残余については、交換する種苗を持参しない方も持ち帰れます。ただし、一口１０００円以上のカンパをお願いします。
⑦持ち帰れる種苗は、交換する種苗を持参した方・持参しない方のいずれも、品目・品種名ごとに1種苗ですが、同じ品目・品種名でも提供者が異なる場合は、提供者ごとに1種苗を持ち帰れます。
⑧持ち帰った種苗は自家栽培するとともに、種苗の自家採取、繁殖に努めてください。また、持ち帰った種苗で種苗登録を受けるなど、提供者の権利を侵害するようなことはしないでください。
⑨交換する種苗についての品質その他の保証は、いたしかねます。

日本有機農業研究会種苗部の取り組み

種苗研修会を全国各地で開催

１９８２年に関東地区種苗交換会が開催されて以降、日本有機農業研究会の会員の間では種苗の重要性への理解が徐々に広がっていたが、会として種苗に関する事業を本格的・積極的に取り組むようになったのは、「有機農業に適した種苗の発掘と普及」を行う部署として種苗部が立ち上がった１９９５年からである。

１９９９年から自家採種技術の向上・確立・普及を目指した種苗研修会（たねとりくらぶのつどい）を年1回、種苗部の事業として全国各地で開催しており、前述のように開催時には種苗交換会も行われている。

また、北海道から鹿児島県まで、全国各地で有機農業を実践している会員にアンケート調査を行い、その回答に基づいて作付品種データをまとめた『有機農業に適した品種100撰』を2000年に出版した（一般書店では販売していないので、ご入り用の場合は本会事務局までお申し込みください）。このアンケート調査によって、各地の有機農業者は、特定の品種に偏りがちな慣行農業と比べて多様な品種を栽培していることがあらためて分かり、種苗部の活動の重要性を再認識させられることとなった。

優良自家採種種子を冷凍保存

南米のペルーには、何十種類ものジャガイモの品種がある。異常気候や病気の流行などによって、その年ごとに収穫できるもの、できないものが出てくるが、多品種を栽培しつづけることによって大きな食料不足を防いできたのだという。一方で現在の日本は、栽培されている野菜がF_1種に偏ってしまっている。このままでは、なにか新しい病気が蔓延するなどの事態によって、その作物が全滅、生産不能に陥ってしまう可能性もある。

また『有機農業に適した品種100撰』を出版した2000年は、アメリカから輸入されていた飼料用トウモロコシに食用未承認飼料用遺伝子組み換えトウモロコシ「スターリンク」が混入されていること、また日本で製造されたトウモロコシ加工粉にも「スターリンク」が混入していることが分かるなど、日本でも種の遺伝子汚染があることが明らかにされた年でもあった。

さらに2004年には、各地の貿易港周辺で遺伝子組み換えセイヨウナタネが自生していることが報告された。私も仲間と一緒に千葉港周辺で調査を行ったが、港周辺だけでなく、少し離れた草むらのなかからも遺伝子組み換えセイヨウナタネが見つかったため、しばらくアブラナ科の自家採種の休止を余儀なくされてしまった。へたをすると、自分たちが種の遺伝子汚染を拡げることになりかねないからだ。取り返しがつかないことになる前に、在来の固定種の種苗を保存しておくことが重要だと強く感じた出来事であった。

そこで種苗部の事業として始めたのが、優良自家採種種子の冷凍保存である。

種苗部で茨城県つくば市の農業生物資源ジーンバンクを見学しに行ったときに、種子は冷凍すれば20年程度の保存ができること、保存するにはマイナス20℃くらいで良いことを知った。それならば家庭用の冷凍庫でも可能だ。

家庭用の大型冷蔵庫を購入し、種子を保存

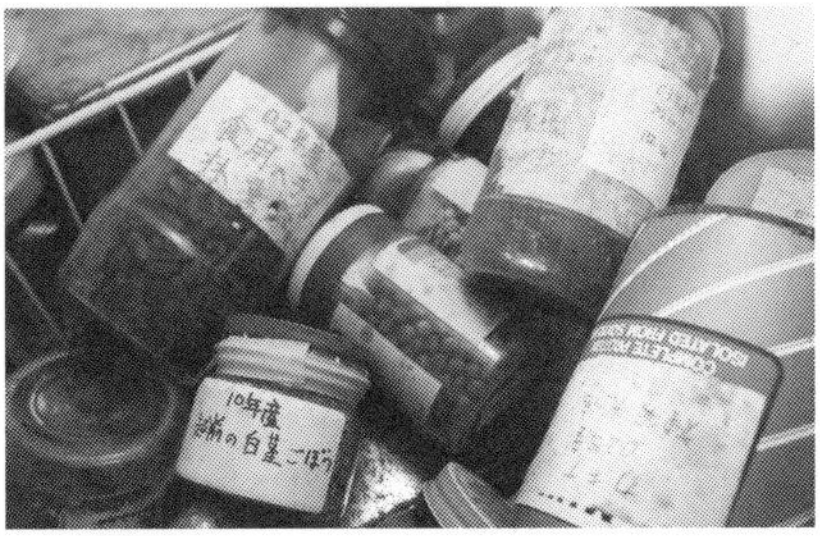

会員の提供による種子50種余りを冷凍保存している

種苗部で大型の家庭用冷凍庫を購入し（この冷凍庫は私の家の収納スペースに置いてある）、保存するための種子の提供を会員に呼びかけた。自家採種した種は、自分の畑に播くだけだと余らせてしまうことが多いこともあって各地から多くの種が集まり、現在冷凍保存している種子は50品種を超えている。

種子を冷凍保存しておく意義

「種とは本来、播いて育ててつなげていくもの」と、冷凍保存することに批判的な意見もある。確かにその通りではあるのだが、民間レベルでは現在では全く需要がないようなものまで毎年播いて育ててつないでいくのには無理がある。

例えば冷凍保存しているもののなかに「モチトウモロコシ」があるが、スイートコーンが全盛の現在ではほとんど需要がない。そういったものは冷凍保存しておき、いざというときに利用できるようにしておくことが必要だろう。

また、岡山県のあるご婦人から「岡山では昔から福立菜《ふくたちな》がつくられていたが、年寄りになって誰もつくらなくなった。自分が80歳近くなって、いつ種採りができなくなるか分からないので、そちらで種を保存してもらいたい」と寄贈してくれた例もある。

このように生産者が高齢化していることで種の採り手がいなくなり、絶滅に瀕している品種は各地にあるはずだ。

一説では、日本に在来していた固定種の3分の1程度がすでに失われてしまっているという。そういったものを後に残しておくために、種を冷凍保存しておくことには意義があると考えている。

冷凍保存している種はリスト化し、需要のあるものは後述する種苗ネットワークで頒布することで更新をしながら整理をしているが、そろそろ冷凍庫に入りきれなくなってきている。

つくばのジーンバンクは、まだまだ保存する余地はありそうだが、試験研究用が基本であり、農家が気軽に活用することはできないのが現状だ。広島県にも農業ジーンバンクがあるが、これは県民向けであり県外の農家は利用できない。国家レベルでの、全国の農家がもっと気軽に利用できるような仕組みの構築を望みたいところである。

種苗ネットワークの取り組み

2002年、これまで種苗部が蓄積してきたデータや冷凍保存している種などを会員に有効活用してもらい、会員による自家採種活動をより活発化していくために、日本有機農業研究会の内部組織として種苗ネットワークを新たに発足した。

種苗ネットワークの主な目的は、優良な種苗を、家庭菜園を含む自家菜園での試作用に頒布することである。対象となる種苗は、冷凍保存されている種苗を中心とした有機種苗であり、一部優良な非有機種苗も含まれる。

参加は登録制

種苗ネットワークの活動に参加するには、まず種苗およびそれに関する情報の提供を行う「提供登録者」、種苗およびそれに関する情報の提供を受ける「利用登録者」のどちらか、あるいは双方に登録し

種苗ネットワーク登録規程

(定義)

第１条　この規程で「提供登録者」とは、本ネットワークに登録して会員に種苗又は種苗に関する情報を提供する者をいう。

２　この規程で「利用登録者」とは、本ネットワークに登録して本ネットワーク又は会員が提供する種苗又は当該種苗に関する情報の提供を受ける者（本会の運営会員又は普通会員である個人会員 に限る）をいう。

(登録)

第２条　本ネットワークを利用して種苗又は種苗に関する情報を提供しようとする者及び種苗又は種苗に関する情報の提供を受けようとする会員は、別途定める登録手数料を添えて、あらかじめ本ネットワークに登録しなければならない。

２　前項の規定にかかわらず、本ネットワークを利用して種苗又は種苗に関する情報の提供のみを行う者については、登録手数料を徴収しない。

(登録の制限)

第３条　種苗販売業者（事業主、代理人、使用人その他の従業者を含む）は、利用登録者となることはできない。

(登録の有効期間)

第４条　登録の有効期間は、４月１日から翌々年３月31日までの２年間とする。

(提供種苗等の届出)

第５条　提供登録者は、本ネットワークを利用して提供する種苗の作物名又は種苗に関する情報を、別途運営委員会が定める様式により、本ネットワークに届け出るものとする。

２　本ネットワークは、前項の規定に基づき届出のあった種苗に関する情報を開示し、提供する非独占的権利を有するものとする。

(種苗等の公開、提供、斡旋等)

第６条　本ネットワークは、届け出のあった種苗の作物名及び種苗に関する情報を適宜編集し、各種苗に関する情報の一部を公開するとともに、利用登録者に対し、種苗の提供、斡旋又は提供の代行及び種苗に関する情報の提供を行う。

２　前項に規定する種苗の提供及び提供の代行並びに種苗に関する情報の提供に係る手数料は、別途理事会が定めるところによる。

(提供登録者の義務)

第７条　提供登録者は、他人の種苗登録その他の権利を侵害する種苗に関する情報を本ネットワークに届け出てはならない。

(利用登録者の義務)

第８条　利用登録者は、直接、間接を問わず、本ネットワークを利用して提供を受けた種苗又は種苗に関する情報をもって種苗登録その他の権利を取得する等により、当該種苗及び種苗に関する情報の提供登録者の権利を侵害してはならない。

２　利用登録者は、本ネットワークを利用して提供を受けた種苗を自家栽培用に用いるものとする。

３　利用登録者は、本ネットワークを利用して提供を受けた種苗の栽培結果を本ネットワーク及び当該種苗の提供登録者に適宜報告するよう努めなければならない。

2002年４月７日理事会決定　2004年４月３日理事会決定

てもらうこととなる。登録は無料だが、利用登録者は日本有機農業研究会の会員である必要がある。種苗ネットワークに参加するために会員になってくれた人も多い。

登録の際には、種苗ネットワーク登録規程（別表）の内容を遵守することを約束する旨を明記した登録申請書に捺印・提出していただいている。

登録規程のキモは、提供登録者は他者の種苗登録その他の権利を侵害する種苗や情報を提供しない、また利用登録者は提供登録者の権利を侵害しない、ということにある。例えば種苗ネットワークで頒布した種の中に品種登録された種が紛れ込んでしまったら、訴訟騒動にもなりかねないからだ。登録するのに申請書に捺印、というのはいかにも物々しく感じるかもしれないが、そのような問題を起こさないための自衛手段でもあるのだ。

また、種苗ネットワークが頒布する種は、あくまで自家菜園や家庭菜園で自家採種を行ってもらうためのものであり、転売されるようなことがあってはならない。そのため、種苗販売者等は日本有機農業研究会の会員であっても利用登録者にはなれないようになっている。

２０１２年度末現在、種苗ネットワークの累計登録者数は、提供登録3名、提供・利用登録75名、利用登録３９４名、計４７２名である。

種子の頒布

種苗ネットワークで頒布される種子は提供状況によって毎年変わり、春夏蒔き種子は『土と健康』1・2月合併号、秋蒔き種子は『土と健康』7月号に頒布種子のリストが掲載される（次頁以降の表参照）。

利用登録者はこのリストから希望のものを選び（自家採種が前提のため、1品種につき一人一袋）、種苗ネットワークに郵送で申し込むと、育て方などの「説明書」や次回注文時などに提出してもらう「栽培結果報告書」と一緒に種子が送られてくる。頒布価格は一袋３００円（一部５００円）であり、種子到着後2週間以内に郵便振替によって送金していただく。

春期頒布種苗

特記のないものは、１袋300円

品番欄に複数があるのは、指定（例：９Ａ）して申し込む。播種時期は、種子提供者資料を基本とした

品番	品種名 ★：おすすめ品 ☆：新・再登場	作物名	提供者 （敬称略） 生産地	特性、現地播種時期、一般平暖地播種時期など	内容量 頒価特記 など
1	黒米	水稲	相原農場 神奈川	05年１・２月合併号掲載。長粒の餅米。丈低く倒伏少ない。脱粒しやすいので早めに刈る。白米に混ぜると、赤飯に。淡色粒が混じる。播種５月中旬	10㎖
2	緑米	水稲	相原農場 神奈川	05年１・２月合併号掲載。餅米。丈が高いが倒伏しにくい。籾色黒、玄米は薄い緑色。食味より藁がよい。お飾りなどにもってこい。播種５月中旬	10㎖
3	小糸在来★	大豆	林　重孝 千葉	05年11月号掲載。枝豆、大豆とも味が良い。播種７月10日前後。01年８・９月合併号に大豆について掲載（井澤博之さん執筆）	15㎖ 500円
4	スズマル	大豆	斎藤　昭 北海道	納豆用小粒品種。播種５月中下旬（一般地７月上中旬か）、開花７月下旬、収穫10月上中旬	10㎖
5	八天狗	大豆	園山国光 鹿児島	少し小粒だが豊産。枝豆４回出荷好評。大豆もおいしい。ヨトウムシほかが付かない。八天宮か。播種７月	10㎖
6	アカネ ダイナゴン ☆	あずき	斎藤　昭 北海道	やや大粒。道の代表品種。播種５月下旬～６月上旬（一般地６月下旬までか）、開花７月下旬、収穫９月中旬～ 10月中旬	10㎖
7	花嫁	あずき	丹野喜三郎 福島※１	05年３月号掲載。つるなし。１粒が赤白２色の模様入りで薄い種皮。６月中下旬播種。	10㎖
8	江戸川 いんげん★	いんげん まめ	戸松　正 栃木	つるなし。緑の淡い大さや、すじなし。長期豊作、やわらかく、おいしい。岩崎さん提供種子から。播種３月上旬	15㎖ 約25粒 500円
9Ａ 9Ｂ	どじょう いんげん★	いんげん まめ	佐藤Ａ群馬 戸松Ｂ栃木	つるあり平莢15㎝位。故大平博四さん提供種子（02年１・２月合併号掲載）から。早生美味豊産。播種４月下旬～５月上旬、８月上旬	15㎖ 約25粒 500円
10	黒種衣笠 いんげん	いんげん まめ	久野健一 愛知	つる性。99年12月号に掲載。豊産だがアブラムシに弱い。播種３月末～４月上旬、秋取り莢いんげん用には播種８月５～10日	10㎖ 約25粒
11	白老 （しらおい） いんげん	いんげん まめ	斎藤　昭 北海道	つる性在来種。07年12月号掲載。未熟黄色莢を食べ、豆も多収。完熟豆はうずら豆形で黒光り。５月中旬（一般地５月上旬か）播種、遅蒔きも可	10㎖ 約20粒
12	赤ササゲ	ささげ	武田松男 東京	宮本良治さん（福岡）種子の後代。つる性。２～３本でつるが10㎡のネットを覆う。８月末から開花。豆皮が破れにくいので赤飯用に。播種４月下旬	15粒
13	ジャワ13号★	らっかせい	林　重孝 千葉	98年７月号掲載（高橋久さん執筆）。莢は小粒だが、豆は空洞なく入っている。葉は半立ちより大きい。播種５月中下旬	10莢 500円
14	黒落花生	らっかせい	林　重孝 千葉	12年４・５月合併号掲載。渋皮が黒いが皮ごと食べてもおいしい。ポリフェノールが多く、抗酸化作用が強い。播種５月中下旬	５㎖
15	唐の芋★	さといも類	林　重孝 千葉	99年８・９月合併号掲載。子芋、親芋とも美味。親芋はソフトボール大。凸凹がなく調理しやすい。茎はズイキに。植付け４月中下旬。（運賃着払い）	10芋 1000円
16	キタワセソバ	そば	斎藤　昭 北海道	草丈低い。千粒重は26 ～ 27gとやや重い。収穫は85 ～ 90日ころ。黒化率50％をめどに刈取る。育成者権2005. 8消滅。播種６月下旬	10㎖

17	モチキビ	きび	丹野喜三郎 福島	2003年11月号掲載。給肥力が強いので土地を選ばない。高温乾燥を好む。飯、粥、団子、餅に。播種5月下旬～6月下旬	3㎖
18	モチアワ	あわ	丹野喜三郎 福島	03年10月号掲載。温暖乾燥地に適す。やせ地でもよくできる。無農薬栽培で多収。味良く、栄養価高い。利用方法も多い。播種5月下旬～6月中旬	3㎖
19	金ごま	ごま	園山国光 鹿児島	06年4・5月合併号掲載。一般播種6月下旬から	3㎖
20	黒ごま	ごま	渡部美佐子 山形	自家採種を長年してきた、我が家のごま	3㎖
21	在来黄 とうもろこし	とうもろこし	故今関知良 徳島	在来種。徳島県吉野川市山川町大内ではスィートコーンより、これをゆでて食べる。硬いが、かむほどに味があっておいしい。一般播種4月中下旬から	5㎖
22	コタン トウモロコシ	とうもろこし	斎藤　昭 北海道	在来種。黒色粒の中に黄色粒が混じって着く。昔の味を楽しめる。播種5月中旬	5㎖
23	八列	とうもろこし	斎藤　昭 北海道	スローフード協会認定の「食の世界遺産」に北海道から2品目指定されたものの一つ。粒が8列で、もちもちとした食感が特徴。一般播種4月下旬から	5㎖
24	那須野★	きゅうり	戸松　正 栃木	べと病、うどんこ病に強い。主枝飛成り型で側枝に着果し23㎝位。食味は非常に良い。8月中旬まで収穫。播種4月中旬から	2㎖ 500円
25	夏味（なつみ） ★	きゅうり	戸松　正 栃木	べと病、うどんこ病に強い。20㎝位。食味は非常に良い。暑さに強く6月中旬から10月中旬まで収穫。播種4月中旬～7月下旬	2㎖ 500円
26	北海道地南瓜	かぼちゃ	岩崎政利 長崎	北海道の農家が長年作り続けてきた。えびす系と芳香系の姿が交雑している。樹勢は強く作りやすい。一般播種3月下旬～4月上旬	10粒
27	マサカリ カボチャ	かぼちゃ	斎藤　昭 北海道	スローフード協会認定の「食の世界遺産」。割るのにマサカリが要ると言われるほど硬い。播種5月上旬	10粒
28	打木早生 赤皮栗かぼちゃ	かぼちゃ	岩崎政利 長崎	06年11月号掲載。果皮が赤い。冷涼地向きだが、病気に強く作りやすい。早生で着きがよく、豊産。味は、あっさりした粘質。一般播種3月下旬～4月上旬	10粒
29	鶴首かぼちゃ	かぼちゃ	林　重孝 千葉	07年1・2月合併号掲載。形から。果肉は橙色。ねっとりし、甘い。種は下部だけで、料理しやすく、食べごたえがある。一般播種3月下旬～4月上旬	10粒
30	東京かぼちゃ	かぼちゃ	林　重孝 千葉	皮は青灰色。西洋種、粉質。癖の無い甘さ。一般播種3月下旬～4月上旬	10粒
31	万次郎	かぼちゃ	園山国光 鹿児島	10年3月号掲載。下太り形、緑色に黄色斑。中熟収穫が美味。野性味強く肥料不要。播種3月（収穫7月、9月、11月）～5月。7月収穫は粘質、秋収穫はエビス以上	10粒
32	ズッキーニ	かぼちゃ	岩崎政利 長崎	若どり用。果皮は濃い緑色。雄花は早くから咲く。温度が低いときは、人工交配すれば確実に着果するが、自然交配を待つ。一般播種3月下旬～4月上旬	10粒
33	へちま	へちま	手塚良雄 鹿児島	食用兼たわしに。長さ60㎝	15粒
34	バナナうり	まくわうり	林　重孝 千葉	98年5月号掲載（西川大さん執筆）。作りやすい。あたりはずれが少ない。バナナのようなにおいと味。まくわ特有のサクサク感はない。播種4月上旬	1㎖ 約30粒

35	銀泉タイプ	まくわうり	岩崎政利 長崎	黄色の皮に縞がある。味と香りは好まれるが、外皮の傷み早く、日持ち短い。播種４月中旬	１mℓ 約25粒
36	ゴーヤー太長 (ふとなが)	つるれいし (にがうり)	小泉邦夫 茨城	つるれいしについては、00年５月号に掲載（山根成人さん執筆）。宮古から。長さ30～40cm、太さ７～10cm。苦味は穏やか。多収。播種育苗４月下旬から	10粒
37	沖縄小冬瓜	とうがん	脇田利雄 神奈川	果実は２～３kgで、ひょうたん形が普通。一般播種育苗４月～直播５月上旬	１mℓ 約20粒
38	マッツワイルドチェリー★	トマト	小泉邦夫 茨城	08年11月号に掲載のマイクロトマト。09年３月号に補足。直径約18mmで裂果しない。無農薬で長期房取り野生種。播種２月下旬～３月	0.5mℓ 約50粒 500円
39	チャドウィック	トマト	武田松男 東京	09年11月号に掲載のミニトマト。無農薬で長期房取りできる伝統品種。播種２月下旬～３月	20粒
40	雨ニモ負ケズ★	トマト	戸松　正 栃木	09年３月号に掲載。疫病に強く作りやすい大玉。少肥、20cm以上の高畝、粗植で雨避けなしで。播種３月中下旬。１mℓ約30粒	0.3mℓ 500円
41	那須野長★	なす	戸松　正 栃木	早生豊産。収穫は丸なす～25cm程度で。収穫期間長く、焼きなす、漬物としても美味しい。播種３月上旬中旬。１mℓ約110粒	0.5mℓ 500円
42	深谷中長なす	なす	林　重孝 千葉	07年１・２月合併号に掲載。生食も美味。半身萎凋に強く、自根で多収。やや晩生。２月上旬から播種、５月上旬定植	15粒
43	白なす	なす	竹森サチ 福岡	３月末～４月６cmポット播き軒下育苗。そのまま定植。大きくなる。少しうすい緑色。食べ方は普通のなすと同じ。厚切ステーキ風にするとおいしい	15粒
44	ししとう	とうがらし	手塚良雄 鹿児島	果実の大きい株を継続して選抜した。辛さが口の中で早く消える。乾燥後は、とうがらしとしても使える	５mℓ
45	甘長 とうがらし☆	とうがらし	山田勝巳 千葉	長果で味が良い。強健で簡単な支柱でできる。収穫は８月～10月。播種５月まで	１mℓ
46	ロマネスコ	カリフラワー	岩崎政利 長崎	07年７月号に掲載。ブロッコリーとの中間の感じで寒さに強い。花蕾は渦巻き状。一般播種７月上旬。長崎播種８月中旬	１mℓ
47	大浦太☆	ごぼう	深谷文夫・恵子 埼玉	根長60cm位で太く短い。掘りやすい。柔らかで美味しい。特に煮物に良い。太くなると中心に穴があくので、肉や魚を詰めて煮る。播種３～５月など	５mℓ
48	ジャンボオクラ	オクラ	小野清明 埼玉	10年11月号に掲載。巨大鞘が大きくなっても柔らかい。１鞘の収穫適期幅が長く、多収で収穫時期も長い。一般播種５月中旬	２mℓ
49	グリーン５ （ファイブ） ☆★	オクラ	戸松　正 栃木	Ｆ１グリーンロケットから固定して13年。５角。元種より生育旺盛。草丈1.8～２ｍ（リビングマルチの場合）。60節前後で多収。直播は５月中旬	５mℓ 500円
50	島オクラ （八丈島）★	オクラ	岩崎政利 長崎	５～６角。八丈島で作られている在来種。ねばりがあり、生食にとてもおいしい。早生で豊産。少し矮性。一般播種５月中旬	５mℓ 500円
51	島オクラ★	オクラ	北川フジ子 愛媛	５～６角。ねばりがあり、生食にとてもおいしい。早生で豊産。少し矮性。葉身基部に赤み。一般播種５月中旬	５mℓ 500円
52	八丈オクラ	オクラ	小泉邦夫 茨城	丸さや。15～20cmで収穫。多収。甘くて美味。英語名Green Vervetか。一般播種５月中旬	５mℓ

53	赤オクラ	オクラ	手塚良雄 鹿児島	双葉から赤味を帯びる。果実が緑色のより硬くなるのが遅い。加熱すると緑色に変わるので、色を生かすには生食で	5㎖
54	黒田系５寸	にんじん	岩崎政利 長崎	97年11月号掲載。肩が地上に出ず、色濃く尻が丸く、長いものを選抜。播種８月下旬。発芽率低下につき増量。残さずに厚播きを	3×1.6 ＝5㎖
55	モロヘイヤ	モロヘイヤ	手塚良雄 鹿児島	アラブの健康野菜。炎暑に強い一方、日陰地でも育つ。地上部は、病虫害知らず。摘心しては利用。完熟種子は有毒。播種５月	5㎖
56Ａ 56Ｂ	(以下春秋播き) 中国チンゲンサイ ★	葉菜	林Ａ千葉 岩崎Ｂ千葉	98年４月号に掲載。晩春播きは夏に白さび病。秋播きは一株0.5～１kgに。耐寒性で晩抽。１～３月収穫。一般播種３月中旬、10月中旬	5㎖ 500円
57	城南小松菜	葉菜	宮本良治 福岡	故大平博四さん（東京）種子の後代。99年７月号掲載。丸みを帯びた黄緑色の葉。カルシウムが一番多い野菜。播種周年。３～４月・９～10月が最良	5㎖ 無料 ※２
58	ルッコラ	ルッコラ	竹本洋二 広島	06年７月号掲載（林重孝さん執筆）。栽培は小松菜同様。ごまの香り。利用法をこの表末尾に※３。一般播種３～４月と９～10月。多量提供で増量	10㎖
59	九条ねぎ	ねぎ	長澤源一 京都	分けつが盛ん。収量を増したい場合は、２～３月頃まで長く栽培期間をとる。一般播種３月～４月、９月。発芽率低下につき増量。残さずに厚播きを	5×2 ＝10㎖
60	九条太ねぎ	ねぎ	岩崎政利 長崎	半深ネギとして利用する。軟らかくて甘味があって、とてもおいしい。一般播種３月～４月、９月。発芽率低下につき増量。残さずに厚播きを	5×3 ＝15㎖
61	越前白茎	ごぼう	竹内真之栄 福井	2011年大会資料p.39に掲載。若い根と葉をサラダ、塩漬け、お浸し、油いため、てんぷらに。一般播種３～５月、９月中旬～10月。収穫11～12月、３～５月。発芽率低下につき増量。残さずに厚播きを	5×4 ＝20㎖

※１　７花嫁あずき等提供の丹野さんは、現在は長野で就農、種提供時は福島で生産。

※２　57城南小松菜提供の宮本さんは、担当の再三の手落ちにより退会されました。他の種子注文者でご希望の方に無料進呈します。

※３　58ルッコラ提供の竹本洋二さんから：真冬と真夏以外いつでも播種できる。ルッコラは好き嫌いがはっきりしている菜っ葉です。辛みがあるので生で一度にたくさん食べるものではないと思いますが、サンドイッチなどにはさむと、球レタスなどより、よほど使い勝手がいいです。芥子マヨネーズを使わなくても済むのがいい。春に薹立ちしてきたときポキポキと折って収穫するトウ菜は、湯がくと辛みが抜けて一度にたくさん食べられます。私は、高菜に次いで、このルッコラのトウ菜が好きです。

【有機農業推進種苗】……希望袋数を頒布できます

品番	品種名・単位と頒価	24#	那須野きゅうり 10㎖ 2,000円	49#	グリーン５オクラ 20㎖ 1,500円
3#	小糸在来※ 1㎗ 2,500円	25#	夏味きゅうり 10㎖ 2,000円	50A#	中国チンゲンサイ（林重孝） 20㎖ 1,500円
15#	唐の芋※ 1kg 2,000円	41#	那須野長なす 2㎖ 1,500円		

※芋と、２㎗以上の豆は、運賃着払いとなります。着払い品だけの場合は、返信封筒不要です。

出所：「土と健康」2013年１・２月合併号（No.439）

秋期頒布種子

特記のないものは、１袋300円

品番	品種名 ★:おすすめ品 ☆:新・再登場	作物名	提供者 （敬称略） 生産地	特性、『種から育てよう』掲載号、平暖地播種時期 【＃は有機農業推進種苗】	内容量 特記
1	アオバ	小麦	林　重孝 千葉	05年12月号に掲載。準硬質で強力。パン用。禾がなく鳥害注意。農林61号より倒伏しにくいが、収量は劣る。播種11月上旬	10㎖
2	もち麦 （島根）	はだか麦	唐木田清雄 長野	07年10月号に掲載。糯性麦として安来市から導入した品種に寄贈者がつけた名称。長稈で稈が弱いので、極少肥で。長芒。播種９月下旬～11月上旬	10㎖
3	ライ小麦	ライ小麦	故澤登晴雄 東京	ライ麦と小麦を交雑させ、固定したもの。パンに使う。一般播種10月下旬	10㎖
4	スナップえんどう	えんどう	岩崎政利 長崎	早生の、背が少し低い、つるあり。豆を大きくしてから莢ごと食べる。スナップとは、莢を折るときの音。播種10月下旬	10㎖ ×２
５Ａ ５Ｂ	えんどう豆	えんどう	久野健一Ａ 愛知 北川フジ子 Ｂ愛媛	05年10月号に掲載。丈がよく伸びる。しっかりと肥料を入れると、１莢に７粒は入る。ある程度背丈を伸ばした方が、収量が多くなる。播種11月上旬	15㎖ 約30粒
６Ａ ６Ｂ	ツタンカーメンの豆	えんどう	畠中幹雄Ａ 福井 唐木田清雄 Ｂ長野	古代エジプトのツタンカーメン王の古墳から出土したえんどう豆。さやは濃紫紅色から成熟するにつれて脱色する。播種11月上旬	15㎖
7	赤そら豆	そらまめ	故今関知良 徳島	06年10月号に掲載。種皮が小豆色。発芽容易。未熟果で赤飯に。少し小粒で乾燥容易。播種10月下旬	15粒 ×1.5
8	秋そば （在来種）	そば	近宗清子 広島	12年７月号に掲載。赤茎、白花。香り良く甘味あり。播種８月中下旬	15㎖
9	平家かぶ	かぶ （葉菜）	岩崎政利 長崎	兵庫県御崎、宮崎県椎葉に自生的に生育。兵庫の故岡田和馬さんによる種子から。トウ立ちを利用する。播種９月下旬	５㎖
10	温海（あつみ）カブ	かぶ	宮本良治 福岡	山形県鶴岡市温海の主に山間焼畑で栽培。平地も可。表皮赤紫色で、甘酢漬けで紅色に。播種８月上中旬、収穫10月上旬～12月上旬	５㎖ 無償※
11	からしな	からしな	脇田利雄 神奈川	播種時期を気にしないで、晩秋まで蒔ける。こぼれ種子からも順調に育つ。一般播種９～10月	５㎖
12	中国紅心大根	大根	岩崎政利 長崎	98年10月号に掲載。表皮は白いが中は紅色で綺麗。生食に向く。一般播種９月上中旬	５㎖ ×1.5
13	青首大根	大根	岩崎政利 長崎	秋蒔きＦ１からの選抜後代。播種９月下旬～10月上旬、一般播種９月上旬	５㎖ ×２
14	横川つばめ大根	大根	岩崎政利 長崎	05年７月号に掲載。赤みを帯びた短根種で横縞が入る。照葉。煮物向き。播種9月下旬、一般播種９月上旬	５㎖
15	五木赤大根	大根	宮本良治 福岡	熊本県五木地方原産、表皮が赤い短根種。一般播種９月上旬	５㎖ 無償※
16	女山 （おんなやま） 三月大根	大根	宮本良治 福岡	最初は岩崎さんから２本譲り受けたものにより採種。赤皮長型で美味。播種９月下旬、収穫12～２月。赤茎株を集めて採種したい	５㎖×２ 無償※
17	雲仙こぶ高菜	たかな	岩崎政利 長崎	成長すると、葉柄と葉との境に突起ができる。播種９月下旬	５㎖
18	赤縮緬たかな	たかな	唐木田清雄 長野	葉先などが紫色。アクが強く、辛味がある。野性的で、いつでも発芽する。播種９月上旬～10月上旬	５㎖
19	畑菜	葉菜	岩崎政利 長崎	01年５・６月号に掲載。江戸時代からあった菜種の一種。小松菜が普及するまで主流であった。播種9～10月	５㎖

20	壬生菜	葉菜	長澤源一 京都	やわらかくて風味があって、煮炊き、一夜漬けに適する。播種９～10月		５mℓ
21	★福立菜	葉菜	岩崎政利 長崎	お正月に雑煮に入れて食べると幸福になることから名前がついたといわれる。葉に切れ込みがあり、小松菜よりも軟らかく美味しい。播種９～10月		５mℓ 500円
22	中国ターサイ	葉菜	岩崎政利 長崎	00年12月号に掲載。葉は小型で耐寒性強い。初期は立性だが、寒さが厳しくなると地面を這うようにして広がり、美しい姿となる。播種９月～10月上旬		５mℓ
23	早生 中国チンゲン サイ	葉菜	岩崎政利 長崎	早生の中国チンゲンサイ。ただし交雑していて選抜していく必要がある。食味は良く、トウ立ちは早いほう。一般播種９月下旬		５mℓ
24	晩生アブラ菜	葉菜用 なたね	岩崎政利 長崎	かきな・のらぼうと同様だが、とう立ちが半月くらい遅い。播種９月～10月		５mℓ
25	かきな	葉菜用 なたね	神谷光信 群馬	06年8・9月号に神谷さん執筆。油菜の変種。９月中旬に苗床に播種し、10月下旬～11月上旬に畦幅60cm・株間40cmに定植。春先に30cm以内で何度も芯を摘んで、収穫。お浸し、味噌汁の具、あえ物、煮物、炒め物に		５mℓ
26	★のらぼう	葉菜用 なたね	脇田利雄 神奈川	05年８・９月号に掲載。茎葉を摘みとって利用する。野菜の端境期に便利。苗を40～50cmの幅で定植する。播種９月～10月		５mℓ 500円
27	長崎唐人菜	半結球 白菜	岩崎政利 長崎	半結球でコンパクトな青菜（白菜）。寒さの中でもグリーンが強く、一株利用ができる。とう立ちが非常に遅いので、一般的な白菜がとう立ちしてしまう３月一杯収穫ができる。播種９月下旬～10月中旬		５mℓ
28	花芯白菜	半結球 白菜	岩崎政利 長崎	06年６月号に掲載。寒さに会うと、芯の黄色が鮮やかに。作りやすいが、寒さに強くなく、トウ立ちは早いほう。播種９月中旬		３mℓ
29	（以下春秋播き） ★中国 チンゲンサイ	葉菜	林Ａ千葉／ 岩崎Ｂ長崎	98年４月号に掲載。一株が500g～１kg位の大株利用ができる。日本チンゲン菜より耐寒性が強い。晩抽で３月末まで収穫可能。播種10月中下旬	29Ａ＃ 20mℓ 1500円	５mℓ 500円
30	城南小松菜	葉菜	宮本良治 福岡	99年７月号に掲載。丸みを帯びた葉で、黄緑色。野菜の中ではカルシウムが一番多い。播種周年（３～４月・９～10月が最も良い）		５mℓ 無償※
31	ルッコラ	ルッコラ	竹本洋二 広島	06年７月号林重孝さん執筆。栽培は小松菜と同様。ごまの香り。一般播種３～４月、９～10月		５mℓ
32	九条ねぎ	ねぎ	長澤源一 京都	北川さん05年６月号に掲載。育ちやすく連作でき、大きくも小さくも作れる。用途多様で薬味に最適。一般播種３月～４月、９月。発芽率低下で増量予定		５mℓ
33	☆魚住赤ネギ	ねぎ	魚住道郎 茨城	自家採種10年以上。薄皮が淡め赤紫色。分けつ多・少混在。肉質やわらかく、全部使える。播種９月下旬～10月上旬、３月下旬		５mℓ ×２
34	越前白茎	ごぼう	竹内真之栄 福井	2011年大会資料p.39に掲載。若い根と葉をサラダ、塩漬け、お浸し、油いため、てんぷらに。一般播種３～５月、９月中旬～10月。収穫11～12月、３～５月		10mℓ ×２
35	株張り中葉 春菊	しゅんぎく	林　重孝 千葉	脇芽が次々と大きくなるのを摘んで収穫すると、長期に使える。耐寒性、耐暑性が大葉種よりある。一般播種３月上旬から10月下旬		５mℓ ×1.3

※無償種子は、事務局不手際により退会された会員から、以前提供いただいたもの。有償種子注文者でご希望の方に２種類まで進呈する。
注１　播種時期は、種子提供者資料を基本とし、当該作物を一般地に播種する場合の、めやすとなる時期を「一般播種」として、補った。
注２　内容量欄「×２」等は、発芽率低下に応じた増量につき、厚播きして今期全量播種を。
出所：「土と健康」2013年７月号（No.443）

この収入は組織維持経費として活用される。頒布される種苗は無償で提供されたものであり、種苗提供者に還元されることはない。

また２０１０年からは、一部品種については自家採種用ではなく生産に供するための有機農業推進種苗として、大袋で頒布も行っている。

２０１２年度、春夏蒔きは67種類の種苗を掲載、申込者58名に３２２袋（うち大袋26袋）を頒布した。また秋蒔きは34種類の種子を掲載、申込者23名に１０５袋（大袋はなし）を頒布した。収入は19万３０００円であった。

自家採種・繁殖種苗データベース

種苗ネットワーク発足時、自家採種・種苗交換等の活動をより活発化していくためには、まずどの地域のどの農家が優良な種苗を持っているのか、また提供できる種苗はどのようなものがあるかを把握する必要があった。

そこで、種苗部がこれまで持っていた『有機農業に適した品種１００撰』作成時のアンケートや種苗交換会時のデータ、また冷凍保存用に種子提供していただいた際のデータに加えて、新たに会員の農家に「自家繁殖カード」（旧称「在来種苗票」）を配布し、提供可能な品種の特徴や提供価格等の一定の情報を記入していただいた。それらのデータを種苗ネットワーク事務局で整理し、データベース化している。

また、その中から約１７０品種について掲載した『自家繁殖カード集』も作成した。このカード集は、利用登録者に頒布（送料込み２５００円）することで、利用登録者が提供登録者に直接種苗を注文できるようにして、自家採種運動の活発化を図ろうとしたものだが、現在は頒布を中止している。

有機種子提供の仕組みづくりに着手

種苗ネットワークは現在、有機ＪＡＳ（日本農林規格）の認定機関であるＮＰＯ法人有機農業推進協会との協働で、有機で採種された優良な有機種苗をより広く提供していくための体制づくりに着手したところだ。

　有機農業の世界では、有機栽培で採種した種を使わないと有機野菜とは認めないという世界的な流れがある。日本ではまだそのような体制ができておらず、有機農産物の定義でも使用する種については「有機栽培された種子であること。ただし、それが不可能な場合はその限りではない」とされているが、いずれはそのような特例もなくなっていくだろう。そのときまでに有機栽培で採種された種を提供できる体制ができていなければ、日本の有機農業は消滅してしまうかもしれない。

有機栽培で収穫した紫黒米の種籾（種苗交換会に出品）

　また、種苗ネットワークは日本有機農業研究会の会員が対象だが、在来種・固定種の種を次代につないでいくためにも全国の誰もが有機栽培で採種された種を手に入れられる体制をつくっておく必要もある。

　広く提供していこうとなると、その品種はどの地域ならば育つのか、耐病性はどうかといった特性を、現在以上に把握しておかなければならない。

　そこで現在はその第一段階として、全国のメンバー数人で、それぞれが自家採種しているものを交換し、お互いに試作をしているところである。生育にはその年の気象条件等も影響するので、試作結果を出すまでにはまだ数年かかるが、その結果を持ち寄ることで、まずは広く提供できそうな品種を選んでいく予定である。

　有機農業の種を広く提供していくための仕組みも、現在検討中である。例えば、日本有機農業研究会が別会社を立ち上げて「有機の種屋」を始めるかもしれないが、その姿が見えてくるにはもう少し時間がかかる。

自家採種禁止の流れに立ち向かうために

私自身は現在、2・4haの畑で80品目150品種を栽培し、約60品種を自家採種し、栽培面積のうちの3分の2をまかなっている。安心・安全で美味しい野菜を提供していきたい、ということはもちろんだが、なんといっても種を採って代々継いでいく行為自体が楽しいのだ。この楽しみを、もっと多くの人に知ってもらいたいと思う。

林さんは有機栽培で80品目の野菜を手がける

約60品種の野菜の種を採り、ラベルに採種年などを記入して瓶などに保管

しかし、世界的な知的所有権保護の強化などの流れから、自家採種の今後は非常に心配だ。もちろん日本でも、品種登録されたものを自家採種してそれを販売するのはダメなのだが、それを自家消費する分には問題ない。今後は、自家採種することさえ禁止となる可能性もある。そうなったとき、日本の野菜は、そして各地に根付いている食を伴った文化はどうなってしまうのだろう。

ある人が、私や長崎県の岩崎政利さんのような自家採種を推進している側の誰かが、「見せしめのために、いずれ世界的な種苗会社に訴えられて、法律的に潰されるのではないか」と言っていた。そうなったら、これまで地道に続けてきた活動も水の泡になってしまうだろう。

私たちは、そのような自家採種禁止の流れに逆らっていけるだけの体制と理論づくりを、いまのうちに構築しておく必要があるだろう。

「育種」「生産」「普及」の連携による自然農法種子の品種育成事業

原田晃伸・巴清輔・田丸和久
（自然農法国際研究開発センター）

種は持続可能な社会の実現のための鍵

先人たちが守り育み、私たちに受け継がれたタネ。それらを次世代へ引き継ぐことは、農の根底を支えることはもとより、地域固有の生活文化様式を伝える術《すべ》ともなろう。

地域の自然環境に応じた栽培体系を基本とする自然農法においては、農薬や化学肥料を使用しないで生産を可能とするために、タネは在来種・固定種を問わず栽培上の大きな鍵になる。健康で豊かな持続可能な社会を実現していくためには、タネがこれからの農業の在り方そのものに対しても重要な示唆を与えることだろう。

公益財団法人自然農法国際研究開発センター（以下・当センター）では、自然農法による品種育成と採種が、自然農法や有機農業の普及と生産拡大のための重要な役割を担うと位置づけている。そこで当センターでは、品種育成事業を「育種」「生産」「普及」の三つに分け、各チームが連携を図りながら長野県松本市での業務を専門的に進めている。

我々の実践的研究によって誕生した「自然農法の種子」が、実用品種として広く社会に認知されることにより、自然農法や有機農業が一般の農家や家庭菜園者に広がっていくことを願っている。

ここでは、公益目的事業の一つである自然農法種子の品種育成事業について、各チームの取り組みを紹介する。

（種子普及チーム　原田晃伸）

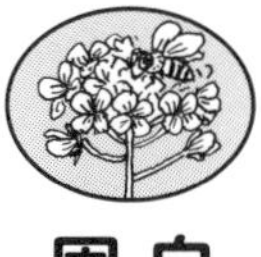

自然農法による在来種保存と固定種の育成

自然農法による種採りの意義

在来種や固定種は、誕生した時代や地域は様々であるが、成立した当初は当時の栽培技術や嗜好を反映した最新の品種であった。では、現存する在来種・固定種は当時のままの姿で残っているかというと、そうではない。その時々の栽培法や嗜好性に影響を受け少しずつ変化している。

では、一般に流通する在来種や固定種は、今現在どのような栽培で維持されているのだろうか。その多くは、化学肥料や農薬を使用した慣行栽培である。この慣行栽培条件で優秀と評価された（選抜された）個体から採種が行われている。つまり、慣行栽培に適した在来種や固定種になってきている。

在来種や固定種を今一度輝かせるには、農薬や化学肥料の使用を前提とする資材依存型の栽培ではなく、土の力を利用する自然農法下で選抜する必要がある。これにより生命力にあふれた次世代に残せる種子とするべきである。

自然農法に求められる種子の特徴

無農薬栽培で必要とされる特性で最初に挙げられるのは、「耐病性」であろう。大手種苗会社のカタログを見ると、付加される耐病性の数が多い品種が減農薬や無農薬栽培に適するというような表記が見受けられる。

しかし、我々が自然農法で市販の耐病性品種を栽

無農薬、無化学肥料の育種圃場

培した場合、本来持っているはずの耐病性が発揮されないことがしばしば見られる。この原因は、市販品種が農薬や化学肥料などの使用を前提とする環境で育成されたため、今まで経験のない無農薬・無化学肥料栽培条件で栽培するとストレスを起こし、耐病性が発揮できないからだと推察できる。

当センターでは、単に耐病性の付加に特化した品種育成ではなく、自然農法環境下でもストレスを起こさず十分に生育できる品種の育成を行っている。

そこで我々が品種育成において重要視しているのが「根張りの良さ」である。

根張りの良い種子は①吸肥力が強い、②ストレスに強い、③高品質である、④自ら土を肥やす能力が高い、⑤採種性が高い、などの特徴を持つ。これらの特徴により、種子は肥料などの資材に依らず、土の力を利用して自らが生育環境を整え、繁殖していこうとする自律・調整能力が高い種子となり得る。

「根張りの良い種子」育成を目指して

当センターでは、次の三つの選抜法により品種育成を行っている。

①環境による選抜

無肥料・不耕起・草生栽培を基本とし、外部からの堆肥や肥料等の投入に頼らない栽培環境下で選抜を行う。これにより自律性の高い種子を選抜することができる。

ちなみに草生栽培とは、畝間（通路）に緑肥作物（当センターでは赤クローバーやオーチャードグラスなどの多年生牧草）を帯状に生やし（草生帯）、緑肥作物の丈が伸びたらそれを刈り、作物の株元に敷き込む。これにより高温から作物の根を守り、適度な土壌水分を維持することで作物の根の発達を促す。

巣播き法によるキュウリ栽培

トマトの自然生え

②生物の相互作用による選抜
作物の生育が進むと草生帯に作物の根が侵入し、緑肥作物の根と競合する。また、一カ所に種子を10粒程度播く「巣播き法」は、芽生えの初期は風雨や乾燥からお互いを守る共生関係が成り立ち、生育が進むと個体間で養水分や光を奪い合う競合が起こる。この個体間の競合においても十分に生育量を確保できるものが根張りの良い種子と見なされる。

他に「巣播き法」の応用として、晩秋に種子が充実した完熟果を土に伏せ込み、翌年の春に発生する芽生えの集団から間引き等による人為的な選抜を加えず、あくまでも個体間の競争の中で最後まで生育を確保し種子を着ける個体を得、次代の種子とする「自然生え」がある。

③人による選抜
前記のような様々な過程を経て、根張りの良い種子が選抜されるが、作物は強さだけでは作物としての利用価値が乏しい。最終的には収量性、食味、貯蔵性などの人間の利用に即した種子を人の五感を使って選抜する。

根張りの良い種子は、厳しさだけでなく、また過保護でもない競合と共生、つまり「飴と鞭」が混在する環境で選抜される。「飴と鞭」の兼ね合いが自然農法による選抜の妙と言えよう。

在来種および固定種の優良品種選定

在来種や既存の固定種を、自然農法下で試験的に栽培を行い、根張りが良く育種目標に適った品種を選定する。

在来種および固定種の中には少数株から採種が行われて弱勢となっているものもあるため、これらの品種を2～3年、自然農法下で選抜し、草勢の強いものや耐病性に優れるものを選抜して、種子の生命力を回復する。ただし、元品種に内包する雑駁性（多様性）を維持し、遺伝的なバランスを壊さないため、厳しい選抜は行わない。

次に母本（採種に利用される親株）数を増やして、遺伝的な多様性を高めて採種し、これらの種子を保存および頒布する。

また、育種目標に適わないものであっても、希少な生態的特性を持つ品種に関しては、その遺伝子資源としての重要性から採種、保存を行っている。

維持している在来種と育成した固定種

①農家で自家採種されてきた在来種

須藤胡瓜、新戒青菜、ブラジルミニ、川島かき菜、島村インゲン、越谷インゲン、長野在来ハッパード、木曾紫カブ等

②固定種から選抜された固定種

耐病霜知らず、筑摩野五寸等

③市販のF1品種から固定した固定種

モチットコーン、夢枕、自生え大玉、自生えピーマン、信越水ナス等

④交雑育種により育成された固定種

信州タカナ、フックラ、若緑地這等

※交雑育種とは、異なる遺伝子型をもつ品種、または系統を人為的に交配し、雑種世代で育種目標に適ったものを選抜して、新たな特徴を持った品種を作る手法である。

（育種チーム　巴清輔）

自然農法による在来種および固定種の増殖

当センターの種子生産チームとしてこだわっているのは、あくまでも「自然農法栽培（無農薬・無化学肥料）」の条件下で優良な形質を発揮するもの（旺盛に生育するもの、味の良いもの、病気にかかりにくいもの等）を選抜しながら採種され続けてきたタネを元ダネにして種子を生産し、有機農業や自然農法を実践している方々の役に立つことである。また我々が生産したタネが広がることによって、有機農業や自然農法の普及につながることが願いである。

主な固定種、種子生産の実際

自家採種と普及を目指した種子生産との違いは、原種の有無にある。原種とは普及する種子（頒布および販売用種子）を生産するための元となる種子のことで、普及用種子よりもより厳密に選抜を加え、かつ交雑や異品種の混入がないよう厳重に管理栽培される。一般に自家採種ではこの原種というものがなく、食用に栽培されるものの中から優良なものを選び採種する。

しかし、いかに厳密に選抜および管理をしようとも、多少の遺伝的特性の変化は避けられない。そこで原種採種は数年～10年分を大量に採種し、品種特性の安定化に努めている。

①果菜類

交雑の可能性が高い品目に関しては、他品種と隔離して栽培する。ナス科のナスやピーマン類では10～50m程度、ウリ科など特に交雑しやすい品目では500m程度、他品種から隔離する。

しかし、生産上これらの隔離距離をすべての品種で確保することは困難なため、隔離できない場合は、袋掛けを行って虫媒による交雑を防いでいる。

交雑の少ないトマトは特に隔離栽培をしていない。

②葉菜類

アブラナ科のコマツナなど虫媒による交雑の危険

傘花を咲かすニンジン（採種圃場）

があるものについては、採種母本を網で囲い、開花期にブラシ（静電気ダスター）で花を撫でて、受粉作業を行っている。

ハウスなどを利用して完全に外界から隔離されている場合は、ミツバチの巣箱を中に置いて、蜂による受粉作業も可能である。タカナやカキナなど交雑可能なアブラナ科作物が少ない品目に関してはオープン（開放受粉）で採種している。

③根菜類

アブラナ科のカブは特にツケナ類（コマツナ等）など複数のアブラナ科作物と交雑するおそれがあるため、単独での採種でない限り網で囲って隔離条件をつくっている。同じアブラナ科のダイコン類なども、採種する品種が複数ある場合それぞれに隔離して採種している。

ニンジン（筑摩野五寸）は非常に人気が高く、当センターの主力品種のひとつである。現在のところ、周囲に他品種のニンジンのタネ取りが行われていないため、オープンで採種を行っている。

ニンジンは採種規模（母本数）が少ないと近交弱

勢に陥りやすいため、自家採種であれば50株以上から採種するのが望ましいとされる。当センターでは、ニンジン種子の採種年の異なる複数の原種を保持しており、これらを採種年ごとに栽培して母本を養成する。このうち最も外観品質が優れる採種年のロットを原種採種用母本とし、それ以外の採種年ロットの中から頒布に供する種子生産用母本を選抜する。種子生産用母本は、年間１５００～２５００本程度使用する。

また、一般的には原種採種用母本と頒布種子生産用母本は隔離して採種されるが、当センターではニンジン種子の原種の遺伝的多様性を維持するために頒布種子生産用母本と同じ圃場内に定植し、原種採種用母本と頒布種子生産用母本の間で各々花粉が受粉できるよう配慮している。

④その他

アズキやササゲなど、地方在来の雑穀類なども各地の有志から入手しているものを保持しており、一部については一般ユーザーに頒布するための生産も行っている。

（種子生産チーム　田丸和久）

自然農法種子の普及活動

今後、自然農法や有機農業が発展していくためには、これまでの生産、流通、食生活をそのままにして、単に栽培方法の一部（化学肥料・農薬の使用）を変えていけば良いという発想ではなく、農と食が一体のものとして、各地域の自然条件や文化・社会条件、そこに暮らす人々の生活を含めた新しい農業を創造していく必要があると考える。

そうした新しい農業の模索とともに新しい農業に適した新しい品種（タネ）が必要である。そのなかで地方品種、在来種、固定種と呼ばれる品種を単に遺伝資源の保護という目的で守り受け継いでいくだけでなく、持続可能な社会を目指していくうえで、それらの品種を新たな農業の営みの中にどう組み入れていくかを模索する必要がある。当センターでは、自然農法・有機農業に適する品種の育成とともに既存の地方品種に対する特性を知り、正しい採種

自家採種実施者の割合

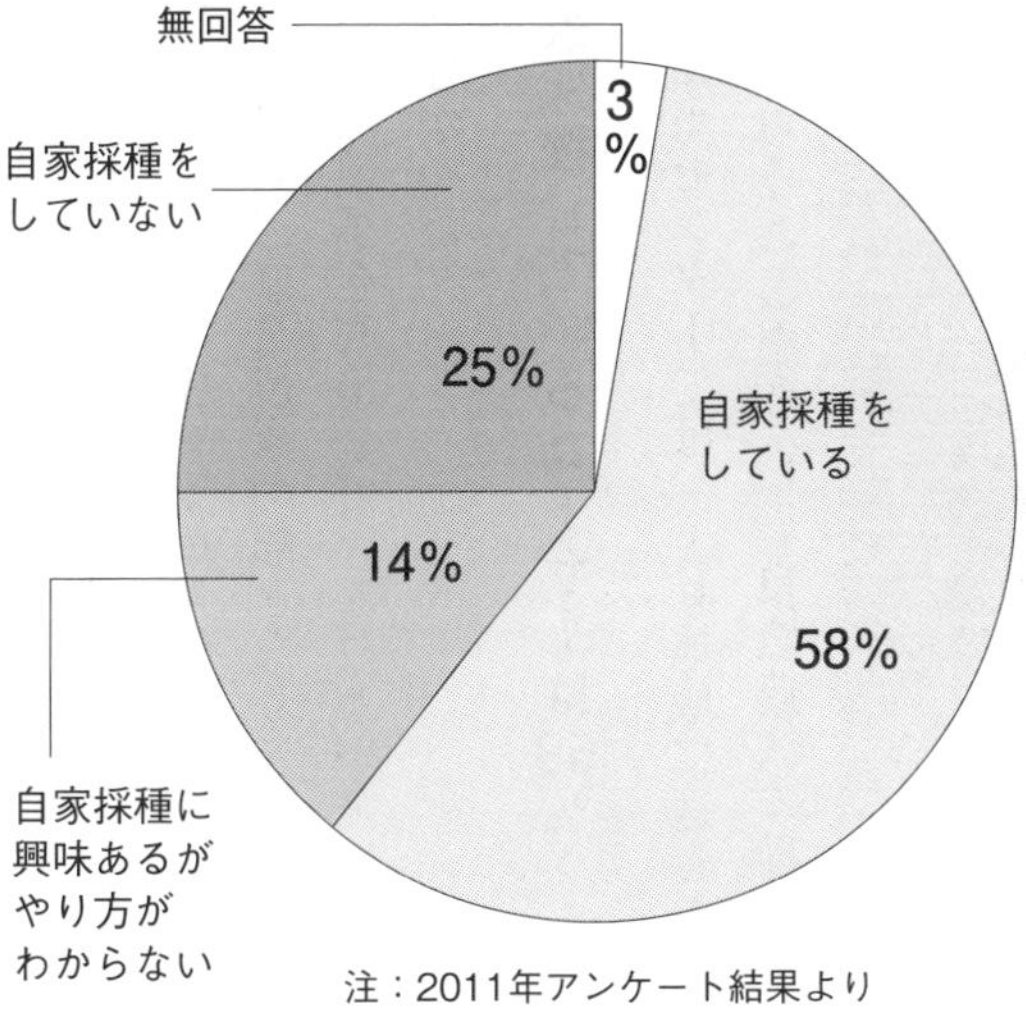

注：2011年アンケート結果より

種子頒布件数の推移

頒布年度	頒布件数
2001	1158
2002	1691
2003	1511
2004	1672
2005	1640
2006	1828
2007	1747
2008	2030
2009	2284
2010	2714
2011	2546
2012	3067

注：頒布件数は年間（延べ）

技術を身につける必要があると考える。

こうした活動は個人レベルだけでなく、持続可能な社会の形成のためには、生産効率の追求だけでなく農業本来の性質である人間と植物の関係性を支えるような種子生産や供給システムなどのネットワークが不可欠であると考える。

種子の頒布は延べ２万９０００件超

その取り組みのひとつとして、当センターでは、自然農法・有機農業に適した品種の普及、自家採種の普及に取り組んでいる。

２００１年より自然農法実施者、有機農業実施者へ種子の頒布を開始し、２０１２年までに延べ２万９０００件を超える頒布を行ってきた。

現在、自然農法種子は20品目71品種あり（２０１３年度現在）、そのうち、固定種・在来種は44種類ある。頒布件数は年々、増加の傾向を示してきており、有機農業への関心が高まりつつあることが窺える。種子の頒布時期では１月が最も多く、次いで２、３、４月と続いている（頒布期間は１〜９月まで。ユーザー数は２０１３年度現在で２９１７人）。種子ユーザーに占める自然農法・有機栽培の割合は73％ほどで、その中で家庭菜園者が最も多く、次いで専業農家、兼業農家の順となり、幅広い層の人が自然農法種子を利用していることがアンケート調査から分かった。

自家採種しているユーザーは58％

さらに当センターでは、より地域に適したタネを育ててもらうことを願い、「自然農法の種子」からの自家採種を勧めている。自家採種を行うことで作物の一生を観察でき、品種を見る目を養ってもらうのが狙いである。

ユーザーの中で自家採種をしている人は58％おり、自家採種をしている人が多いのも自然農法種子ユーザーの特徴といえる。

今後、自家採種を普及させていくためには、育種素材の提供や育種技術・採種技術に関する研究成果を提供するとともに、採種農家の育成や自家採種実施者の育成を通じて地域や品種ごとの選抜効果を検証するといった基礎研究も必要と考えている。

在来種の長野在来ハッパード

主な在来種と固定種の紹介

在来種・長野在来ハッパード（カボチャ）

長野県に土着した在来種。貯蔵性は２カ月。果実は黒皮の紡錘形。果重１・８kg前後。やや粘質がかる粉質で、収穫後２カ月間が可食期間。中早生種で

固定種の夢枕。俵形小玉スイカ

固定種の若緑地這。肉厚で歯切れがよい

作りやすくゴロゴロと着果する。草勢は極めて強い豊産種で、自家採種に最適。

固定種・若緑地這（キュウリ）

果実は鮮緑色、やや短く胴が少しくびれ、曲がりが少ない。肉厚で歯切れが良く夏キュウリの味が濃厚である。子ヅルの発生が旺盛で、耐暑性、耐病性が強く作りやすい。親ヅル着果が少なく、子ヅルから収穫する枝成りキュウリで、盛夏から初秋に直播きして霜が降りるまで収穫する。

固定種・夢枕（スイカ）

草勢が強い俵型小玉スイカ。果長24㎝前後、果重2・2kg前後。淡緑色の無地皮で果皮に弾力があり、裂果が少ない。糖度は11度前後で肉質がしまりシャリ感に富み、皮際まで甘い。成熟日数は開花後33日前後。

固定種・筑摩野五寸（ニンジン）

草勢が強く少肥で栽培できる秋冬どり五寸ニンジ

ン。草姿は開帳性、大葉で痩せ地でも根の太りが良い。火山灰土壌に適し、夏播きして晩秋から冬どりに適する。根部はやや肩が張る円筒形で甘みがある。

自家採種や地場採種を農業に蘇らせたい

固定種の筑摩野五寸。根部は円筒形で甘みがある

昨今、菜園ブームも相まって、食の安全・安心に対する消費者の関心が高まりつつある。国や地方自治体がより一層、有機農業の支援に力を入れることになれば、有機農業への関心がますます高まってくることになるだろう。それに伴い、有機農業を前提とした品種の需要増加が予想され、種子の供給システムの構築が急がれるであろう。

これまでの品種育成の取り組みの結果、自然農法・有機農業に適する品種には、交配種・固定種を問わず、肥料に依存せず地力窒素の活用能力が高く、また耕地生態系の様々な生物的要素と関わりながら生育できる環境適応力の高いタネが必要であると考えている。

既存の地方品種や全国流通する交配種などあらゆる遺伝資源を元にして、前述の特性を持つ新しい自家ダネや地方品種をつくる取り組みが、持続可能な社会の形成につながるのではないだろうか。自家採種や地場採種を農業の中に蘇らせたい。

（種子普及チーム　原田晃伸）

自家採種を勧める「変な種屋」の使命は「誰もが種採りをする世界」のための種まき

野口勲（野口のタネ／野口種苗研究所）

三代続く種屋の試行錯誤

かつての種屋は地域に合った固定種を販売

野口のタネ・野口種苗研究所は、埼玉県飯能《はんのう》市で三代続いている種屋である。祖父の門次郎が飯能の商店街の借家で「野口種苗園」を開店したのが１９２９年（昭和４年）。１９４５年（昭和20年）に父の庄治が、そして１９７４年（昭和49年）に私が継ぐこととなり、現在に至っている。

かつての種屋は、周辺の農家に種採りを委託したり、自前で種を採ったりして、その地域の環境に合った固定種を販売していた。私の店でも、カブの「みやま小かぶ」、キュウリの「奥武蔵地這」、この地域特有のナッパの「のらぼう」など、一時期は十数品種の種採りをしていた。

しかしF_1種が全盛となっていくにつれて、そのような種は時代遅れとなり、売れなくなっていった。

また、同時期にホームセンターやスーパーなどの大型店の台頭があり、タキイ種苗やサカタのタネといった大手種苗会社がホームセンターに直接、大量に卸すようになったため、町の小売りの種屋は安売り競争に敗れ、次々とつぶれていった。

業界退潮の時代に固定種に着目

私が店を継いだのは、このように業界の形が大きく変化していた時代であり、いかに生き残っていくかを試行錯誤しなければならなかった。当時は花を仕入れて園芸店のようなことをしたり、農薬や化学肥料、農業資材などを扱ってみたりもしたが、なにせ商店街に人通りがなくなってしまっており、どうにもならない。ホームセンターやスーパーなどの大型店に客を奪われたのは、なにも種屋だけではない。そんな時代だった。

もう地域の客だけでは商売にならない。またF_1種で安売り競争をしても意味がない。そのような想いから、全国の固定種を収集してインターネットでの通信販売を始めたのが、２０００年（平成12年）のことだ。このスタイルがなんとか軌道に乗り、インターネット販売の売り上げが半分を占めるようになったことから、２００８年（平成20年）には商店街にあった店舗をたたんで町外れに移転し、現在では完全に通信販売を主力とした店となっている。

野口のタネが固定種を専門に扱う理由

現在、国内で流通している種のほとんどがF_1種である。最近は地方野菜や伝統野菜が見直されていると言われているが、その筆頭である京野菜も、ほとんどがF_1種なのだ。２０１２年、フランスのベルサイユ宮殿の菜園で日本の伝統野菜を試験的に栽培することになり、ＪＡグループ京都が17種類の京野菜の種を送ったそうだが、実はそのすべてがF_1種であった。ベルサイユ宮殿では、これらの種採りはできないわけで、「日本の京野菜が気に入ったなら、毎年種を買ってください」ということになる。

そんなF_1種が全盛の現在、私が固定種を専門に扱

固定種の種袋を並べた棚の一角

三代目の種屋として固定種の通信販売を主力にし、店を軌道にのせる

原種コンクールなどで受賞を重ねてきたみやま小かぶ。甘みのある緻密な肉質（埼玉県・関野農園）

うようになったのには、大きく二つの理由がある。

固定種のほうが美味しい

第一の理由は、なんといっても固定種のほうが美味しいからだ。

F_1種は、雑種強勢の作用で生育が早く収量が多い、ある病気に対する抵抗性が強いなどの特定の性質をつけやすい、一斉に生長するので栽培計画が立てやすい、形態がそろっているので流通や加工がしやすいといったメリットがある。しかし、肝心の味については二の次になってしまっている。

まだF_1種が普及していなかった昭和30年代、私の店で扱っていた「みやま小かぶ」は美味しいカブとして有名で、原種コンクールで何度も農林大臣賞を受賞していた。

F_1種の「耐病ひかり蕪」などが出回るようになってからは、見栄えやそろいがF_1にはかなわないため、まったく受賞することができなくなってしまったが、コンクールに参加している種苗会社の人たちは「みやま小かぶ」だけを持ち帰っていた。その人たちが「F_1種のカブなんて、まずくて食べられないからなあ」と言っているのを聞いて、なんとバカな時代になったものかと思ったことを覚えている。

また、大手種苗会社の通販部長が「のらぼう」の種を売りたいと私の店に打ち合わせできたとき、連れてきた若い社員に向かって「のらぼうはうまいんだぞ。何しろ固定種だからな」なんて言っていた。

F_1種をつくっている人たちも、固定種のほうが美味しいことは自覚しているのだ。

F_1種は安全性に懸念がある

第二の理由は、F_1品種の安全性に懸念を感じているからだ。

・F_1種づくりは雄性不稔利用が主流に

F_1種のつくり方にはいろいろあるが、現在主流になりつつあるのは「雄性不稔」の利用である。雄性不稔とは、おしべがなかったり花粉が機能しない、無精子症の突然変異株のことだ。

雑種強勢を働かせるためには、異なる品種のものを掛け合わせる必要がある。そうしてできた種がF_1(first filial generation) 種であり、日本語では一代雑種または一代交配種と言う。同じ株の花で受粉(自家受粉)してしまうとF_1種にはならない。

日本で最初に商品化されたF_1種の「長岡交配福寿1号トマト」は、花が開く前におしべを取り去り、別の形質のものの花粉で受粉させる「除雄」という技術によってつくられた。しかしこの方法は、大変な手間がかかる。そこで、あらかじめ突然変異の雄性不稔株を見つけ、それを親にすることでF_1種をつくろうというのが、雄性不稔の利用である。

雄性不稔を利用したF_1種づくりは、1925年にアメリカのタマネギで雄性不稔株が見つかったことから始まり、その後トウモロコシやニンジンに広がり、現在ではさらに多くの野菜でも実用化されている。まず雄性不稔株ありきのF_1種づくりは、アメリカにとどまらず、すでに世界の品種改良技術のグローバルスタンダードになってしまっている。

一方、アブラナ科の植物の多くは、自分の花粉では種をつけられない「自家不和合性」という性質を持っているため、非常に交雑しやすい。だからこ

正常な状態のナノハナ。多数の花が総状になり、側面の花芽をつくっていく

そ、各地で地方独特の固定種がたくさん生まれているのだ。ところが、なぜか幼いつぼみのときだけは、この自家不和合性が機能しない。

そこでアブラナ科のF_1種の親の系統を維持するために、この「つぼみ受粉」をくりかえし行うことになる。この作業の細かさと手間は本当に大変で、それゆえにアブラナ科のF_1種づくりは日本のお家芸でもあった。しかし近年は、自家不和合性利用でつくられてきた日本のアブラナ科のF_1種も海外採種化の波にのまれ、雄性不稔化が進んでいる。

・遺伝子的に不健康な作物

無精子症は、ミトコンドリアの遺伝子の異常によって引き起こされる。F_1種づくりに利用するためには、そのような株を見つけて母親株として維持していく必要があるのだが、その中には生命力が働き、遺伝子的な欠陥の修復に成功する株もまれに出てくるそうだ。

しかし、そのような健康な株は発見され次第引き抜かれ、廃棄されてしまう。これは、生き物の命をいただくという意味で、なにかおかしくないだろうか。そして私たちは、雄性不稔のような生物として不健康なものを食べ続けて平気なのだろうか。

蜂群崩壊症候群とF_1種作物の因果関係!?

２００６年と２００７年の冬から春にかけて、アメリカの各地で飼育されていた西洋ミツバチが一夜にして大量失踪する「蜂群崩壊症候群（ＣＣＤ）」と呼ばれる現象が起こり、話題になった。アメリカ全土で２４０万群もいたミツバチの3割以上が失われたという。その原因にはさまざまな説があるが、ネオニコチノイド系殺虫剤が主因とする説が主流となっている。しかし私は、雄性不稔利用のF_1種づくりが関与しているのではないかという仮説を立てている。

ここではあまり詳しく書くスペースはないが、簡単にいえばこういうことだ。事実として、ＣＣＤで失踪するのはほとんどが働きバチで、巣には女王バチと数匹のハチ（雄バチ？）が残されている。また、アメリカではＣＣＤが１９６０年代から20年間隔で起きているという。一方、アメリカでは１９４０年代から雄性不稔によるF_1種タマネギの生産が始まっている。

もしかしたらＣＣＤは、受粉のために導入されて雄性不稔の蜜を摂取したミツバチがその異常な因子を代々蓄積し、20年後に生まれた雄バチが無精子症になってしまったため、巣の未来に絶望した働きバチが巣を見捨てたのではないのか、というのが私の考えだ。実は、アメリカ軍がＣＣＤが起こった巣の遺伝子を調べたところ、２カ所に遺伝子異常が見つかったという情報もある（これがミトコンドリア遺伝子なのかどうかは伝えられていない）。

雄性不稔を利用してつくられたF_1種を育ててつくられた作物は、要はミトコンドリア遺伝子不全の不健康な植物である。そんなものを食べて人間に影響が出ないわけがないと私は思っている。欧米や日本などの先進国では無精子症の男性が増えていると聞くが、これがF_1種作物と無関係だと言い切ることはできるだろうか。

安全で美味しい野菜を求める客層

今後日本への進出が懸念されている遺伝子組み換え作物にしても、人為的に遺伝子を不健康にしたものである。先日、私の講演を聴きにきたある学生が「私の担当教授は、遺伝子組み替え作物は安全だ、自然の野菜のほうがアルカロイドなどを出すから危険だと言っていたのですが、野口さん、どう思いますか？」と聞いてきた。私は「何千年と人間が食べてきたものと、つい最近生まれて十分な動物実験もやっていないようなものを比べて、新しいほうが安全だなんて言えないのではないでしょうか」と答えたが、皆さんはどうお考えだろうか。

私の店の客層は、20～30代の若い子育て世代と、70～80代の大きく二つの塊があり、その間の年代はあまり多くない。そのうち、20～30代は「とにかく子供に安全・安心なものを食べさせたい」、70～80代は「死ぬ前にもう一度、子供のころ食べた美味しい野菜を食べたい」という思いから私の店にたどり着き、固定種の種を買ってくれているようだ。

つまり固定種の野菜は、安心・安全であり、しかも美味しいということなのである。

生育期のノラボウナ（関野農園）

ノラボウナは自家和合性で、他のアブラナ科と交雑しない

全国の種屋から取り寄せる固定種の種

互いに融通し合う種屋の世界

私の店では、固定種に特化してから扱う種も徐々に増えてきており、現在では約500の固定種を全国から取り寄せている。

種屋というものは、販売している種を自分で採種しているわけではない。私の店でも、「みやま小かぶ」「のらぼう（ノラボウナ）」「奥武蔵地這」など数種類は私の家で原種を採り、それを採種農家にお願いして種を採っているが、大半は全国の種苗会社から仕入れている。

種屋というのは面白い商売で、私のような小さな種屋から中間的な卸会社、サカタのタネやタキイ種苗といった大企業まで、やっていることはみんな同じだ。傘下の採種農家で種を採って売っているのは、全取り扱い品種のせいぜい1割程度で、あとは

みやま小かぶはのらぼうなどとともに自ら原種を採り、採種農家に依頼して種を確保

みやま小かぶの採種圃場（岩手県）

開花から２カ月後に株全体が淡褐色になる

お互いに融通しあっているのだ。

種苗会社にはまだ、種屋を回って集金と注文を取る古い習慣が残っており、私の店にも7～8社が集金に来る。そのときに「こういう名前の品種が欲しいというお客さんがいるんだけれど、売っている種屋さんを知っている？」と聞き、「それならば○○県の××で売っていた」という情報があれば、その種屋を通じて取り寄せる、といった感じで取り扱う固定種の種類を増やしている。最近ではありがたいことに、「うちの種も使ってよ」と先方から言ってきてくれることも増えてきた。

日本の採種農家は絶滅状態

固定種の種を採種する畑は普通、あまり人が住んでいないような山間部にある。周りに農地がなく、同じ科の植物との交雑の心配がない環境でなければ、固定種の種は採れないからだ。それだけに、中山間地が限界集落になってしまっている近年、国内の採種農家はほとんどいなくなってしまった。現在も続けてくれている採種農家もかなりの高齢であり、後継者もいない。

現在市販されている種は、F_1種、固定種にかかわらず、その多くが外国産に頼っている状態だ。

あるシンポジウムに出席したとき、「ある人が近所のホームセンターで販売されているタネの産地を調べたところ、90%以上が海外産だった」という話を聞き、私の店ではどうかを調べてみた。2012年8月の段階では55・8%が国内産だったが、国内の採種農家がこれ以上減っていくと、私の店でも海外産が過半数を超えるときが来るかもしれない。

固定種取扱種子の生産地

品目	国内	国外	計	
ナス	13	4	17	
トマト	4	3	7	
トウガラシ	7	11	18	ピーマンを含む
キュウリ	10	3	13	
スイカ	8	1	9	
カボチャ	10	3	13	
マクワウリ等	11	3	14	
ゴーヤ	2	5	7	
その他ウリ類	4	7	11	冬瓜／夕顔／糸瓜
ナッパ類	29	35	64	ハクサイを含む
カブ	16	3	19	
ダイコン	24	21	45	
キャベツ類	5	4	9	花椰菜を含む
タマネギ	5	4	9	
ネギ	7	3	10	ニラを含む
ニンジン	4	9	13	
ゴボウ	5	0	5	
レタス	0	15	15	
ホウレンソウ	1	8	9	
オクラ	2	3	5	
シソ／ハーブ	10	13	23	
エダマメ	21	0	21	ダイズを含む
インゲン	15	14	29	
その他マメ類	12	14		
無肥料栽培種子	9	0	9	
スプラウト種子	0	9	9	
イタリア野菜	0	15	15	
レンゲ／クローバー	0	2	2	
イネ／ムギ	10	3	13	
トウモロコシ	6	0	6	
雑穀類	28	5	33	ソバを含む
以上合計	278	220	498	
割合	55.8%	44.2%		

注：野口のタネ・野口種苗研究所（2012年８月現在）

海外での採種も、かつては「１エーカー（４反歩）採らせてくれればなんでも採りますよ」という感じだったが、近年ではそれでは引き受けてくれなくなり、「５エーカーつくらせてくれないと種は採りません」といった感じになっているそうだ。自分たちが必要な種を、思ったように確保できなくなる時代は、もうすぐそこに来ている。

不自由になりつつある種の流通

欧州では自家採種した種は流通できない

ＥＵ加盟国には、品種として一定の基準を満たしており、かつ発芽率が基準以上であると証明された種のみが販売を許される「ナショナルリスト制度」がある。

そして各国のナショナルリスト登録の審査を通った品種は、そのまま、欧州理事会がＥＵ圏内での販売を認める「欧州カタログ」にも登録される。ＥＵでは、これらに登録されていない種は、市場を流通させることができない。新品種だけではなく、在来品種であっても同様だ。

このリストやカタログへの登録は巨額な審査料が必要であるため、登録品種は大手の種苗会社が開発した品種に偏ってしまうことになる。農家が営々と自家採種をして守ってきたような、日本で言うところの固定種（欧州ではクラシックシードと呼ぶようだ）の扱いも、非常にシビアなものとなってしまっている。

家庭菜園として自分で種採りしたものを利用する分には良いが、その種を無償で交換することは違法であり、そのことで逮捕・投獄されるような事例が、フランスでは日常的にあったそうだ。

しかし、ＥＵ内でも昔ながらの美味しいクラシックシードの野菜を求める声が強くなっており、どうやら今年（２０１３年）から、種の販売に関する規制が緩和されたようだ。フランスの在来種保護に取り組むＮＰＯである「ココペリ」のホームページを覗いてみると、これまで販売していなかったような種が、値段をつけて売られるようになっていた。

ＥＵでの取り組みは、ある意味でＴＰＰ（環太平洋パートナーシップ協定）のような仕組みの前例と捉えることもできる。今後、どのような方向性に進んでいくのか、注目しておく必要があるだろう。

アメリカの食品安全近代化法とＦＤＡ

アメリカ食品医薬品局（ＦＤＡ）は、食品や医薬品、化粧品など、アメリカ国民が日常生活で接する機会のある製品の許可や違反品の取締りなどを専門的に行う政府機関である。

その使命として「医薬品および動物用医薬品、生物学的製剤、医療機器、国内の食料供給、化粧品、そして電磁波を放出するような製品の安全性と有効性を保証することによって国民の健康を守ること。医薬品や食品をより効果的に、安全に、そしてより安価にするための技術革新を加速させることによって国民の健康を増進すること。国民が自らの健康を増進するために必要な医薬品や食料に関する正しい、科学に立脚した情報を国民に与えること」などが挙げられている。

ＦＤＡの思想の根本には「自然界のものは雑菌がついていて危険。消毒して菌を殺したものだけが安全」であり、無消毒の種苗は原則禁止、種子消毒や遺伝子組み換えなど、国が定めた安全基準に適合した農作物しか認めないという考え方がある。

２０１１年、アメリカでは食品安全近代化法が成立した。そのことによって、原則として野菜を含むすべての食品は、ＦＤＡが認証した食品関連施設で検査・登録しなければ広域流通できないことになり、また食品関連施設はＦＤＡによる定期検査が義務づけられ、安全面での不備を指摘された場合は即刻営業停止処分にされてしまうこととなった。つまり、ＦＤＡの権限が大幅に強化されることとなったわけだ。

脅かされる自家採種

食品安全近代化法が成立に向けて審議されている間、アメリカの零細農家などによって「勝手に種を採ったら、持っているだけで犯罪者になるのか」

「モンサントなどの大手種苗会社の種しか使えなくなるのか」などと大騒ぎになった。

結局「275マイル（約443㎞）以内の消費者に直接食品を販売する年間売上額50万ドル以下の小規模農家や加工業者は適用除外」とされたことで、とりあえずこの騒ぎは収まっているが、「これらの業者が食中毒を起こした場合はこの限りではない」ともされており、今後どうなっていくかは分からない。なにかのアクシデントをきっかけに、規制が零細農家にまで適用されてしまうような可能性も十分に考えられる。

そしてこの食品安全近代化法には、「FDAは、貿易相手国の食品安全計画を指揮する権限を持つ」という項目もある。もしTPPに日本が参加することになってしまったら、アメリカ国内での規制が日本にも押しつけられる可能性は高い。農業分野でのTPPは、単にアメリカから安い食品が入ってくることだけが問題ではない。

食の安全が脅かされ、自由のない食生活を強いられる危険性がある。日本の食品安全基準や残留農薬基準を非関税障壁として引き下げを求めてくる可能性が高い。アメリカ産牛肉輸入規制、残留農薬基準、遺伝子組み換え食品表示の緩和・廃止が強行されるおそれがある。

種の世界でも、私たちが必要に応じて種採りをすることさえ禁止されてしまう可能性も、ないとは言えないのだ。

企業の知的財産権と種

現在、世界の種の50％近くを、アメリカのモンサント社とデュポン社、スイスのシンジェンタ社が独占していると言われている（29頁の表参照）。ここに紹介した種に関する欧米の動きは、新品種の開発者の権利の保護、つまり大企業の知的財産権の保護を狙ったものと捉えることもできるだろう。現在の動きは、バイオメジャーによる種の独占をさらに進めることにもなりかねない。

彼らは日本での遺伝子組み換え種子の販売を虎視眈々と狙っている。農家サイドからも「遺伝子組み換えの種が欲しい」という要望は結構あるようだ。

まだ国内では販売されていないのは、日本では種に関する知的財産権保護の制度が整っておらず、農家が自家採種したときにそれを摘発する仕組みがないから、ということらしい。広大な農地が広がるアメリカならば、探偵などを雇ってそこの作物を調べることで摘発していくことも可能だが、小面積の農地が点在するような日本では、それも難しいわけである。

有機栽培による安心・安全の国産ダイズ。遺伝子組み換え作物は食品安全性、生態系へ及ぼす影響などで未知で重大な課題を残している

しかし、法制度がこれらバイオメジャーに有利なものに変えられてしまったら、もはや抵抗することはできないだろう。

私たちの業界では、「種を支配するものは世界を支配する」と言われてきた。種を、つまり食料を牛耳られてしまったら、もう屈服するしかない。

家庭菜園のほうが固定種の種を守りやすい

かつては、自分たちで種採りをするのは普通のことだった。しかし、種を採っても売り物にならない野菜ができてしまうF_1種が主流になったいま、「種は買うものだ」とすり込まれてしまっている。

このままだと、F_1種はすべて雄性不稔利用になっていくだろうし、ＴＰＰ参加ということになったら遺伝子組み換えの種がなだれ込んでくる可能性は極めて高い。

しかし、もし雄性不稔によるF_1種や遺伝子組み換えによる弊害が明らかになったらどうするのだろうか。そのときに、すでにF_1種や遺伝子組み換え種子だけになってしまっていたら、もう後戻りはできない。だからこそ、固定種の種を誰かが守っていかなければならないのだ。

　そして私は、それができるのは案外、農家よりも家庭菜園の愛好家ではないかと思っている。作物をつくって商売している農家は、その作物が売れないとなれば花が咲いても放ったらかしにしてしまい、多くの作物をつくっているために交雑が進んでしまう可能性がある。

　それでは、種を守っていくことにはならない。かえって、他の作物が周りにない都会の庭やベランダなどで育てられているもののほうが、固定種が純粋なまま守られていく可能性が高い。それに、もし種採りが違法となる時代が来たとしても、販売目的の農家よりは、自家消費を目的とした家庭菜園のほうがお目こぼしされる可能性は高いだろう。

　野口のタネが「家庭菜園のタネの店」と謳い、固定種の種を買ってくれた人に種採りを勧めているのは、そういう意味もあるのだ。

家庭菜園の愛好家からの注文が増えている固定種の種。固定種野菜への理解が深まっていることもあり、自家採種を勧めている

各家庭が種を家宝として守り育てる世界に

　固定種の種を買って種採りをすれば、次から種を買う必要はなくなる。「それでは種屋が種採りを勧めるのはおかしいじゃないか」と思うかもしれない

鞘入りの練馬中長（ダイコン）

最特選河内一寸（ソラマメ）

全国の固定種の種を収集し、インターネットを生かして通信販売を行う

が、心配は無用だ。

顧客数は2000年当初の1000〜2000人から、現在は4万人を超えており、大口の顧客はいなくなったものの、その数はざっと40倍である。この広がりが大事なのだ。つまりは、それだけ食に安心・安全を求める人や地域が増えてきたということだろう。

ただ、播種期に注文が集中するため、春秋は発送が追いつかず、お客さまに迷惑をかけている。シーズンオフを考えると従業員を増やすわけにもいかず、対応に苦慮している。私の店の顧客で種採りまでしている人はまだ1%もいないだろうが、固定種に対する認識が広がり、そこから種採りを実践してくれる人が増えていけば、注文も落ち着いてくるだろう。

私の店が固定種に特化した当初は、沖縄の人は沖縄の地方野菜の種を、北海道の人は北海道の地方野菜の種を買っていく傾向があった。地域野菜の種を売っていた地元の種屋がなくなり、ホームセンターには売っていないから、ということだったのだろう。しかし現在はそのような傾向はなくなり、ニーズは多種多様となっている。

一方で種屋の側も、まだ「売るに足る種はF_1種しかない」と思い込んでいる方が圧倒的ではあるが、少しずつ固定種に対する理解は広がってきている。「固定種の種はありませんか？」という客が増えたことで、私の店に問い合わせをしてくる種屋も増えてきているし、タキイ種苗やサカタのタネといった大手も、少しずつではあるが固定種の種を増やしてきているようだ。

固定種の相模半白（キュウリ）

相模半白の収穫果。果皮の表面にうっすらとブルームがついている（関野農園）

私は、「生命の続く食べ物を食べることが、人生を充実させる」と信じている。その意味で「自分の食べるものは自分でつくる」世界に近づくことが理想だと考えている。

そのための固定種であり、種採りなのだ。そして私の役割は、言わば「誰もが種採りをする世の中にしていくための種まき」をすることだといってよい。日本中の多くの家庭が、家庭菜園などで固定種の種を家族の宝として守り育てていくようになっていくことを、切に願っている

なお、野口のタネが取り扱う固定種野菜の種リストは拙著で創森社刊『いのちの種を未来に』『固定種野菜の種と育て方』（共著）に収録していることを付記しておく。

第４章

在来種・固定種の種を守るための多様な地域的展開

鞘入りの総太ダイコンの種

「在来作物」の再評価と利用
～山形在来作物研究会と周辺の取り組みから～

江頭 宏昌（山形大学農学部・山形在来作物研究会）

地方在来品種が「生きた文化財」である意味

急務となった在来品種の保全

「野菜には、空腹や栄養を満たす食べ物としての側面があるだけでなく、特に在来品種には、その来歴、地域の歴史、栽培・利用の文化を伝えてきた文化財としての側面がある。だから急速に消失しつつある『生きた文化財』として野菜の在来品種を保全することは急務である」。このように、戦後間もない頃から警鐘を鳴らしつづけたのは、野菜の在来品種研究の先駆者で山形県鶴岡市にある山形大学農学部の元教授、青葉高先生であった。

ここであらためて「生きた文化財」の意味を考えてみよう。

「生きた」の意味は、在来品種は生き物なので、工業製品と違って地球上から一度消失したら、「やっぱり欲しい」と思っても二度と全く同じ遺伝子型を持つ野菜をつくり出すことはできない、ということである。

また「文化財」の意味は、伝播や利用に関する歴史や文化、風土を生かす知恵、さらに拡大解釈すれば味や外観、使い心地など、過去の人が感じたであろう感覚、地域固有の感性を、世代を超えて伝えるためのメディア（媒体）になる、ということである。

山形県の在来品種の現状

青葉先生の警鐘とはうらはらに、戦前までは日本全国にごく普通に存在した地方在来品種が、戦後の高度経済成長期以降の大量生産・流通・消費の時代に、優秀なF_1品種と入れ替わるように急速に姿を消した。

山形県も例外ではない。青葉氏が１９７６年に出版した『北国の野菜風土誌』に登場する山形県の野菜の在来品種の数は75であったが、そのうち40年後の２００６年に存在が確認できたのは、半分以下の33になっていた。

在来品種は、F_1品種のような全国に流通している商業品種に比べて、収量や耐病性といった生産性（栽培のしやすさ）、収穫部分の外観や形態のそろい、日持ちといった市場流通のための特性がいずれも劣ることが多い。また商業品種は万人が食べやすいクセのない味であるのとは対照的に、在来品種は酸味が強い、苦い、辛い、強い香りを持つなど、個性の強い味を持つことも多い。こうした要因のいずれか、または組み合わさった理由から、大量生産・流通・消費のための効率が悪いとされた在来品種は減少の一途をたどったのである。

現在、山形で在来品種を栽培している農家は一部の例外を除いてほぼ70歳以上の高齢者であり、後継者はほとんどいない。全国的にもこの傾向はおそらく同じであろう。

在来作物の定義

ところで、タイトルにもある「在来作物」という言葉は「聞き慣れない言葉だ」とお思いの方もあろう。もっともな話で、実は、あとで詳述する山形在来作物研究会（以下、在作研と略）の造語だからである。

一般的には、野菜に絞って「伝統野菜」と呼ばれることが多い。「地方野菜」「ふるさと野菜」「昔野菜」などの名前で呼ばれることもある。「伝統野菜」は近年、そのブランド価値を高めることを目的として、栽培されてきた場所や期間の長さ、品質などに条件を設け、自治体や民間などで組織された団体が認証したものを指すことが多い。

一方、「在来作物」は、ブランド価値とは無関係に、野菜、穀物、果樹、花卉などの作物の在来品種の多様性を守るための呼称である。その定義を在作研は「ある地域で、世代を超えて種子や苗（イモ、根茎、穂木など）を栽培者自身が維持しながら栽培し、生活に利用してきた作物」と定めている。

「伝統野菜」は、明治以前とか、戦前からといった栽培期間の条件が設けられているが、その条件を「世代を超えて」というゆるやかな条件にすると、対象範囲が一気に広がり、例えば農家がある作物に惚れ込んで今、自家採種を始めたものであっても、世代を超えて自家採種で栽培が継承されれば、未来の「在来作物」になりうる。また、自家採種を行う人が増えれば、風土に適ったいろいろな在来系統が育成され、地域の遺伝的な多様性を高める機会が増えるといった具合である。

現在、山形全域で定義に適う在来作物の品目数は、160以上を数えている。

オーナーシェフとの出会い

地元の食材の良さも知ってもらうため

私事で恐縮だが、在来作物の研究に取り組み始めた経緯について紹介したい。

鶴岡市に「アル・ケッチァーノ」というイタリアンレストランがある。そのレストランが開店したのは2000年、オーナーシェフは奥田政行氏である。開店当時、筆者はたまに食事に行く程度の客であったが、いつも食事中にあいさつに来てくれる奥田氏にあるとき開店の理由を質問すると、地元の食材の良さを広く知ってもらうためだという。店の名前も「(自分の足下にこんな美味しいものが）あったのね」という意味の地元庄内地方の方言から付けたと聞いた。

私はそのころ、山形大学農学部の助教授に着任したばかりで、なにか新しい研究テーマに取り組もうとしていた矢先であった。かつては、イネやトマトなどの植物資源を用いて遺伝や育種学を専門にしてきた筆者であったが、そのころ前述の青葉高氏の著書を読んで「野菜の在来品種は『生きた文化財』である」という言葉に大いに触発されていた。

「今度は地域に根ざした作物の在来品種の研究を始めよう、現状を調査するためにも在来品種を栽培している農家を探して訪ね歩こう」と決心していたのである。奥田氏からそんな話を聞いたとき、共感できる新しい可能性を感じて、「今度、在来品種を栽培する農家を訪ねるとき、一緒に行きませんか」と誘った。

最初に実現したのは２００２年11月。県農業技術普及課のスタッフに案内してもらい、カラトリイモというサトイモの一種を伝統的な方法で栽培している酒田市の農家を訪ねた。

カラトリイモは酒粕を入れた味噌汁で食べるのが一般的で伝統的な食べ方だが、奥田氏が「カラトリイモはココナッツミルクと相性が良い」など、新しい調理のヒントを生産者に伝えると、生産者は驚いて大変喜んだことを覚えている。その数年後、奥田氏はゴルゴンゾーラチーズを載せたカラトリイモのグラタンを開発し、あまりの美味しさにお客さんから大評判で店の看板メニューになった。

在来野菜の素顔と創作料理を紹介

奥田氏から２００３年6月、「地元コミュニティ雑誌『庄内小僧』で月1回の連載を始めないか」と相談を持ちかけられた。

タイトルは「奥田シェフ&江頭先生の在来野菜探訪記」。開始当時、「在来野菜」なんて地元にはおひたしか、味噌か醤油で煮るか、漬物にして食べるくらいの古くさいイメージしかなかったが、連載が終わった一年後には在来野菜の呼称が知られるようになっていた。

連載は見開き2頁で、うち1頁は奥田氏が在来野菜の特徴を生かした全く新しいイタリアンスタイルの創作料理を提案し、うち1頁に私が作物の由来や特性、農家の苦労などの聞き取った内容を紹介することにした。

在来野菜はクセのある味を持っていることが多いが、奥田氏は栽培者の気持ちをくんで、その野菜の個性ともいえるクセを殺すのではなく、相性の良い少数の食材を組み合わせることで、逆にクセを生かしながら広い年齢層に美味しいと受け入れられる調理法を編み出していった。

古いものに無関心だった若い人たちがその美味しさに驚き、奥田氏のレストランに足を運ぶようになったことは、在来野菜を次世代に伝えるための、ひとつの踏み台になったといえる。奥田氏のレストランに納入している農家の大部分は、農業後継者ができたそうである。

農家・レストラン・研究者のつながりが原点

食べる機会をもてたからこその再評価

しかしなぜ、山形県の一部の農家は、手間がかかる上に、お金にもならない在来野菜の種子を守ってきたのか。その理由を調査のたびに尋ねると、「美味しいから」「お世話になった人に食べて喜んでもらいたいから」「家宝として伝わってきた種子を自分の代でなくしたくないから」といった言葉が返ってきた。

研究者にできることは、普段は声に出さない農家の今の想いを記録し、世間や未来に伝えることではないか。また農家が大切に継承してきた作物や農法の素晴らしさを、経済的な価値だけでなく、より広い視野から裏付けをもって評価し、励ますことではないか、という想いがふつふつと湧いてきた。

その後も、新しい在来作物が見つかるたびに、奥

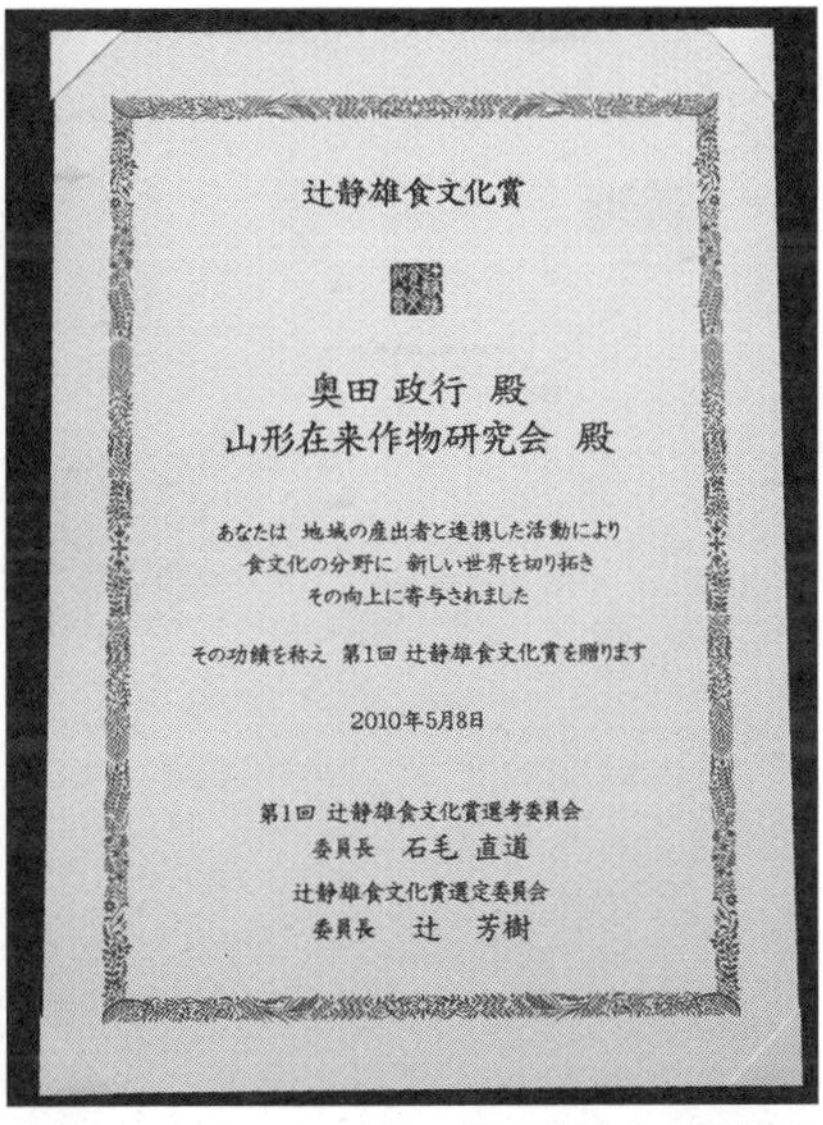

奥田シェフとともに第１回辻静雄食文化賞を受賞

田氏にその特性を生かした新しい料理を創作してもらった。もし、在来作物の調査・研究だけで終わらせていたら、今日の在来作物の広がりはなかっただろう。

本当に美味しい、なくすのはもったいないと思える感動的な在来作物の料理を食べる機会を、より多くの人々がもてたからこそ、在来作物の再評価が進んだのである。在来作物を用いた新しい食文化を開拓したとして、奥田氏と後述する在作研が２０１０年５月に第１回「辻静雄食文化賞」を受賞した。

市民に開かれた研究会の設立と活動

２００３年11月30日、失われつつある作物の在来品種にもう一度光を当て、その多面的な価値を再評価し、利活用も図ろうと、山形大学農学部の教員有志が中心となり、高校生や主婦なども気軽に楽しく参加できる市民に開かれた「山形在来作物研究会」（会長は２００８年度まで元山形大学農学部教授の高樹英明先生）が発足した。

発足以来、毎年一回公開フォーラムを開催しており、全国から毎回１５０名前後の会員に参集いただいている。フォーラムの内容は、「農家の声を聴く」「料理・加工品を食べる」「採種の意義を考える」「保存食を考える」などだ。

会報『ＳＥＥＤ』も創刊した。この名前には、在来作物の「種子」を守ると同時に、教育研究、食文化、農業、食品産業に新しい「種」をまきたいという願いを込めた。発足当時の会員は２６０名だったが、徐々に増え続け、現在は約４２０名の会員が会を支えてくださっている。

山形在来作物研究会の設立記念シンポジウム

発足から2年後、在作研幹事を中心に、料理人、県職員などが執筆者となり、隔週で4年間、計100回にわたり山形新聞紙上で「やまがた在来作物」を連載し、県内の在来作物の来歴や特性、栽培や食文化を丁寧に紹介した。

また、前半・後半、約50回分をもとに、山形大学出版会から2007年に『どこかの畑の片すみで』、2010年に『おしゃべりな畑』を出版した。これらの本は在来作物のテキストとして、農や食に関心をもつ多くの人々に読んでいただいている。

在来作物をとりまく近年の動き

在来作物の価値を認める気運

2013年11月で、在作研発足後、満10年になる。その間に在来作物を取り巻く価値観は大きく変化し、在来作物は価値あるものだという意識が市民の間でも次第に高まってきた。

年１回開催される研究会公開フォーラムのチラシ例（2006年）

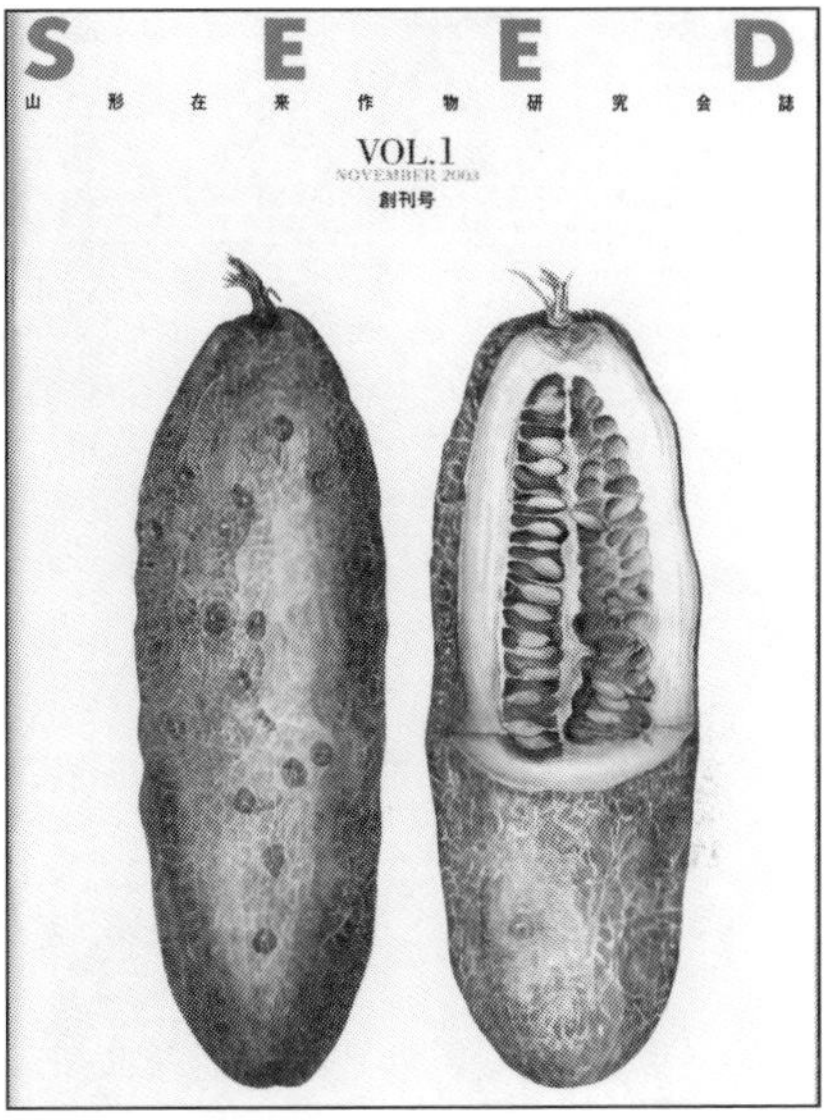

研究会の会誌「SEED」創刊号。表紙イラストは外内島キュウリ完熟果

著書『おしゃべりな畑』などで詳しく紹介しているが、平田赤葱や山形赤根ホウレンソウのように生産規模が拡大してブランド化したものもあり、外内《との》島《じま》キュウリ、勘次郎胡瓜、梓山《ずさやま》ダイコン、漆野《うるしの》インゲンなど、栽培農家がそれまでの一軒から複数になった例もある。

ファンが増えた畔藤胡瓜

その一例として、白鷹町畔藤《くろふじ》地区に伝わる畔藤胡瓜を紹介しよう。畔藤胡瓜は、果実の長さが35cmほどで、皮が薄く、しっかりした昔のキュウリらしい甘みとシャリシャリとした歯ざわりが特徴のキュウリである。

畔藤胡瓜は、通常のF_1品種のキュウリに比べて収量性がきわめて乏しく、病気にも弱いため、２００５年当時、栽培者は新野《にいの》惣司さん（75）の一人だけになっていた。後継生産者が一人増え、直売所に出品して販売するようになったところ、年々ファンが増えていき、近年では出したものが毎日完売するようになったとのことだ。

畔藤胡瓜の盛りつけ

皮が薄く甘みがあり、シャリシャリした歯ざわりの畔藤胡瓜。年ごとにファンが増加

また、新野さんとＪＡおきたま農協青年部白鷹地区東根支部の人々が協力して、２００６年ころから地元の保育園で園児と一緒にキュウリの栽培を始めた。園児は自分で育てたキュウリを食べて、嫌いだったのに食べられるようになった子もいるという。園児が自宅にキュウリを持ち帰ると、祖父母が懐かしいキュウリを仏壇にお供えしてみんなで食べたとか、祖父母から「これが本当の畔藤胡瓜」だといわれて家族の若い人が畔藤胡瓜の美味しさを再認識するようになったと聞いた。

県による「やまがた伝統野菜展開指針」

山形県庁・支庁でも、伝統野菜の推進に積極的である。

県庁農林水産部６次産業推進課（元新農業推進課）は、２０１１年に「やまがた伝統野菜展開指針」（詳しくはインターネットで検索・閲覧可能）を打ち出した。県内の伝統野菜を「地域の宝」と位置づけ、認知度向上・文化の継承とともに、種子の保存、生産・流通・消費の充実、飲食業や観光業との連携も視野に入れて全県的な取り組みを展開していくというものである。

伝統野菜の栽培実態はさまざまで、①ただ一軒の農家が家宝として継承しているものや、②地域の数軒の農家が栽培し、地元で消費されているもの、③

生産拡大して県外・全国に流通しているものなどがある。伝統野菜を一律に生産拡大に向かわせるのではなく、伝統野菜の特性や現場の状況に応じた柔軟な展開を考えようとする提案である。

「鶴岡食文化創造と市推進協議会」の活動

鶴岡市は2010年、ユネスコ創造都市ネットワークの食文化都市への加盟を目指す推進母体として、鶴岡食文化創造都市推進協議会（http://www.creative-tsuruoka.jp/）を立ち上げ、食文化アーカイブ事業などの多様な事業を推進している。

その事業で、在来作物のレシピ集『はたけの味』、お米のレシピ集『たんぼの味』が刊行（在作研監修）された。『はたけの味』は在来作物を次世代に伝えるためのレシピ集と位置づけ、市内の直売所などで容易に入手できる15種類の作物について三つずつ、「伝統的な料理」「家庭で極簡単に作れる料理」「若い世代にも魅力的なおしゃれな料理」のレシピが紹介されている。

レシピを手に取ると作って食べたくなるので、いろいろな人が直売所の在来作物を手にとる機会が増えたのではないかと思う。

また2012年7月からは、同協議会のもとで人材とビジネスを創るための鶴岡食文化産業創造センターが作られた。その事業の一つとして、市民や実需者に向けた、地元の在来作物を活用し、ビジネスに結びつけるための講座が開かれている。

山形大学農学部でも同様な講座「おしゃべりな畑実践講座」が10年から毎年、市民を対象に無料で開講されている。150名以上の修了生が、知識と学んだ仲間のネットワークを生かして社会で活躍している。

映画「よみがえりのレシピ」

2011年10月、山形の在来作物の種子を守ってきた人々のドキュメンタリー映画「よみがえりのレシピ」（渡辺智史《さとし》監督）が公開された。監督がこの映画制作に取り組むきっかけになったのは、在作研の本『おしゃべりな畑』を読んで食と農に関する問題意識が芽生え、故郷の山形に戻って映画を作りたいと思ったことだという。

この映画は、山形の在来作物を中心にして、栽培農家、レストラン、研究者、小学校、加工業者などにスポットをあてながら、食といのちと農の本来的な意味や関連性をごく自然に考えさせる内容になっている。

映画の中で、現代社会の人々が忘れかけた言葉を農家がさりげなく語るとき、観客のなかには「涙が止まらなかった」と感想を述べる人もいる。うれしいことに県内、東京をはじめ、全国で上映が進むにつれて、在来作物の価値に目覚める人が急増しているようである。

地域ごとの模索が不可欠

在作研が発足して10年。忘れてならないのは、在来作物の種子と利用の文化をこれまで土台から支えて守ってきたのは、大量生産と消費、効率化の波にもめげずに、また儲けとは無関係に良心と愛情をもって継承してきた地域の農家であるということである。

では、農家のおかげで守られてきた価値ある存在を、農業後継者がほとんどいない今後の社会でどう保全し、継承していけばよいのか。おそらく普遍的な正解があるわけではなく、今後ますます地域ごとに創造的な模索が不可欠だろう。

なお、本稿は江《え》頭《がしら》が執筆した「ＡＦＣフォーラム」２０１２年7月号の記事、「『生きた文化財』守る活動に地域らしさのシンボル目指す」を元に大幅に加筆修正したものである。

人と人とのつながりが種をつなぐ「いわき昔野菜」の発掘・普及

富岡　都志子（いわき市農業振興課）

震災と原発事故の二重苦を背負ういわき市

福島県いわき市は、年間日照時間が東北の中で最も長く、寒暖の差が少ない穏やかな気候に恵まれており、全長60㎞に及ぶ海岸線や美しい渓谷、緑豊かな山間部など郊外には特色ある自然環境が広がっている。

また、映画『フラガール』の生まれた町として、フラガールを中心にした観光町づくりに力を入れている。１９６６年（昭和41年）に5市4町5村が合併したいわき市の市域面積は１２３１・３５㎢にのぼり、当時は日本一面積の広い市であった。現在は、東北地方で有数の工業都市となり、多彩な観光資源と魅力あふれる地域資源を持つ中核市に成長している。

しかし、２０１１年3月11日、宮城県沖を震源とするマグニチュード９・０の地震とそれに伴う津波が発生し、福島の未来を変える東京電力福島第一原子力発電所の事故が起きた。この事故に伴う放射性物質の放出により、いわき市民は目に見えない恐怖と絶えず向き合い、不安な生活を送ることになった。

いわき市は、この日を境に、震災による被害と原発事故による放射性物質による汚染の二重の苦労を一遍に背負うことになり、震災復興と同時進行で放射性物質の除染、生活空間の放射線量の測定、食品中の放射性物質検査、県民健康管理調査による検診など、放射性物質にまつわる検査体制を長期的にせざるを得なくなり、生活においてもさまざまな制限、負担を負うことになった。

人と人との絆で風評被害払拭

風評被害払拭のための取り組み

あの事故から2年が経ち、復旧、復興の槌音が大きくなる一方で、農林水産業、観光業については未だ放射性物質への不安や風評被害を払拭できずにいる。私たちが原発事故後からいち早く取り組んだことは、農林水産物に対する風評を払拭するための活動である。

震災1カ月後から風評払拭のためのキャラバンを開始し、東京都港区民の皆様のご協力をいただいて、JR新橋駅前SL広場で、「がんばっぺいわきオール日本キャラバン」を実施した。その後も全国において、いわき産農作物のPRを行い、信頼回復に努めている。全国の方々にも温かいご支援や応援をいただきながら、いわきの農林水産業・観光業の現状について、つつみ隠さずありのままを伝える活動を実施してきた。

2011年10月1日に「いわき農作物見える化プロジェクト　見せます！いわき」が始まり、2012年10月1日には、農産物に加え、水産物や観光等の情報を発信するため、農林水産部と商工観光部が連携した横断的組織として、情報発信強化プロジェクトチーム「見せます！いわき情報局　見せる課（通称：見せる課）」を設置した。「見せる課」は、

いわき昔野菜（昔きゅうり、むすめきたか、おくいも、スイカなど）

風評払拭のための農業物販売を実施

東京・新橋駅前SL広場に設置した店舗は、新鮮で安全な農産物を求める客でにぎわう

いわきの農産物、水産物、観光に関して、すべての情報を一元化し、消費者の方々の知りたいことを募り、ひとりひとりに答えながら信頼を取り戻す活動に取り組んでいる。

前むきな気持ちで行動開始

いわき市の農業は、震災と原発事故により大きく変わった。特に放射性物質の放出により汚染された農作物の多くが出荷・摂取制限となり、販売ができなくなった。この状況は、生産者にとって苦しい時期となった。４月春先の定植時期をあきらめ、出荷間近の農作物を廃棄しなければならない状況は、生産者の農業に対する意欲を徐々に減退させ、農業に希望が持てなくなっていった。

「いわきの農業はこれからどうなるのだろう」と、先の見えない現状に不安を抱き、農業をあきらめる人も少なくなかった。しかし、この状況を何もせずただ見ているだけでは何も変わらないという思いが募り、前向きな気持ちで行動を始める人が次第に増えていった。そして、同じ志を持つ人たちが集まり風評払拭の活動を始めた。

人と人とが絆を結び、震災前のいわきの農業を取り戻そうとひとつにつながったことは、大きな力になった。この大きな力は、いわきの農業を早く復活させ、おいしいといってくれる人のために、よろこんでくれる人のために農業を続けたいという強い気持ちに変化していった。

伝統農産物アーカイブ事業といわき昔野菜

伝統野菜は「地域の宝」

「いわき昔野菜」を守る取り組みも、風評払拭の活動と同じく「昔から伝わる伝統野菜を守り、伝えよう」という人と人とのつながりが活動の源泉になっている。

活動のきっかけは、震災の1年前の2010年、いわき市内の伝統野菜の種と株の継承、保存、栽培、普及啓発を図るため、伝統野菜に関する情報をひとつにまとめる委託事業『伝統農産物アーカイブ事業』を始めたことによる。この事業は、いわきリエゾンオフィス企業組合の協力を得て始まり、同組合による活動も今年（2013年）で4年目を迎える。

私たちがスーパーなどで購入する野菜のほとんどは、作りやすく、形や品質がそろう一代雑種、F_1品種といわれる優れた品種である。伝統野菜は、見た目が余りよくなく、形は不ぞろいで、病気に弱く、栽培に手間がかかり収穫量も少ないため、あまり市場には出回らない。

そのため近年は、形の悪さや大量生産に向かないことを理由に、栽培する生産者も少なくなっている。また、生産者の高齢化による栽培面積の減少や食生活の変化などが拍車をかけている。

一度消えてしまったものは元には戻らない。昔からその土地で栽培され、受け継がれてきた種や株をこのままなくすことはできない。伝統野菜は、長い年月を経て、その土地の風土に根ざし、そこに住む人々の食文化を支え、地域の伝統行事や文化にも深く関わりを持ちながら引き継がれてきた。その地域

十六ササゲ（インゲン）。莢に16粒のマメがつくことから名付けられたという

かんぴょうの原料となるユウガオ

赤と白の斑点模様と早く煮えるのが特徴のむすめきたか（アズキ）

で大切に守られてきた伝統野菜は地域資源であり、「地域の宝」である。この「地域の宝」を守り、保存・継承していくことは私たちの義務であり使命である。

地道な調査活動で見つけた伝統野菜と物語

先人が手間ひまかけてつないできた伝統野菜の種と株を、個性を維持しながら、どのように守っていくか、また、種や株にまつわる物語をどう語り継いでいくのかを早急に考えなければならなかった。

まず、どのくらいの種類の伝統野菜が存在するのか、どこで栽培され、どのように保存、継承されているのかを把握する必要があった。ゼロからの出発のため、当時のスタッフは、調査を始めるにあたり、伝統野菜の定義について決めることにした。最初は、「その地域で古くから受け継がれてきた種」と定義し、各地域に伝わる種を探すことにした。

種の調査にあたっては、いわき市内の著名な郷土史家に、伝統野菜の情報を聞き取りしながら、手がかりにつながる情報をひとつひとつ調査した。すぐに、「いわき一本太ねぎ」や永崎川畑《ながさきかわばた》地区の「かんぴょう（ユウガオ）」など、数種類の伝統野菜を見つけることができた。

先生のご協力により調査は順調に進むかと思われたが、とても悲しい知らせが私たちの元に届いた。調査を始めた数日後、先生がお亡くなりになってしまった。当時のスタッフは動揺を隠せなかったが、生前の先生から教えていただいた情報を手がかりに、一軒一軒栽培者や直売所などをめぐり、種のありそうなところを訪ね歩いた。

種をたどっていく中で、生前の先生が教えてくれた知識や思いを自分たちが次世代に伝えていかなければならないという使命感が日に日に強くなっていった。新しい伝統野菜の種が見つかることで、新しい人との出会いにつながり、そこにはいつも伝統野菜がどう受け継がれてきたかが窺える物語があった。当時のスタッフは、昔から受け継がれてきた野菜とその思い出について、懐かしそうに話してくれる栽培者さんとのふれあいがとても楽しかったと教えてくれた。

調査活動で見つかった伝統野菜には、それぞれ物語があり、それを話してくれる人々にもいろいろな思いがあった。語り継がれてきた思いや物語は、伝統野菜を語るうえで不可欠なものである。残しておきたい思い出が詰まっているからこそ、その土地で長い間伝統野菜は受け継がれてきたのであろう。

人と人とのつながりが種をつないでいく

当時のスタッフは、調査先でコミュニケーションの時間を大切にしてきた。地道で時間のかかる活動であったが、人と人とのつながりや出会いが種につながり、この活動の積み重ねにより栽培者とスタッフの間に強い信頼関係を築いていく。このような、人と人との出会いが種をつないでいくのだと実感せずにはいられない。

この事業で出会った人々は、今は何でも相談できる心強い協力者となり、この事業を進めるうえではなくてはならない存在である。この事業はたくさんの人の協力によって成り立ち、様々な場面で支えられてきた。この人と人とのつながりは、この事業にとってかけがえのない財産であり、宝物である。

　調査を始めたときは、何をすればいいのか分からず、無我夢中で走り回っていた。気がつけばこの活動で出会った人は見つかった種の数より多く、出会った人の数だけ感謝の気持ちがある。この気持ちを皆さんにお返ししなければならないと考えたとき、これまでの調査内容をアーカイブとしてまとめ、伝統野菜の魅力を広く伝え次世代に種を継承し、普及啓発を成功させることが今の私に与えられた役目とあらためて強く認識した。

「いわき昔野菜図譜」其の一～其の参

ソバの種採りをする生産農家

「いわき昔野菜図譜」が人気

　現在まで約60種類の伝統野菜が見つかり、調査によって集められた情報は『いわき昔野菜図譜』（いわき市）として保存されている。伝統野菜の歴史的由来や特徴、栽培方法や調理法などについて詳細にまとめられ、現在は3冊発行されている。

　この図譜を見た人からの反響は大きく、完成度の高い内容にいつもお褒めの言葉をいただく。図譜作成にあたっては、いろいろ悩むことがあったそうだが、図譜の内容に共感してもらい喜んでもらえることが、当時のスタッフにとってのやりがいにつながったという。

江頭先生（山形大学）の指導で活動を進展

　調査活動は順調に進み、種も数十種類集まった頃、伝統野菜の判別において最初の定義をもう少し明確にする必要が出てきた。

　当時、山形の在来種の研究で活躍されていた、山形大学農学部江《え》頭《がしら》宏昌《ひろあき》准教授（山形在来作物研究会会長）にお会いすることができたので、これまでの調査内容についてご意見をいただきながら定義についてご教授いただくことにした。いろいろなお話を伺いながら、いわきの伝統野菜の定義について協議した結果、「古くから自家採取により種取りされ、その地域で代々受け継がれ栽培、保存がされてきたもの」を伝統野菜の定義にすることとした。

江頭先生には、今も各種事業においてご指導いただき、毎年講演をいただくなど、いわきの伝統野菜の取り組みに並々ならぬご協力をいただいている。江頭先生との出会いにより、事業の方向性など活動を進める多くの場面において非常に参考にさせていただいている。

「いわき昔野菜」の普及に向けて

名称を「いわき昔野菜」に

伝統野菜は、栽培に手間がかかり、天候や病気、種の保存状態によって成育に影響を与えるため、年々栽培する人が減ってきている。

いわき市田人町《たびとまち》で伝統野菜を育てている栽培者さんは、昔から家に伝わる野菜などの種を１００種類以上保有している。これらの野菜でつくる味噌や漬物、お茶菓子などの加工品は絶品であり、この味を楽しみにしているファンが多い。最近は体調を崩し、思うように作業ができなくなっているが、近くに住む息子さんやお孫さんが家族総出で畑の手伝いをして、種を引き継いでいる。畑はいつもきれいに手入れされ、作り手の思いが伝わってくる。

伝統野菜を次世代に残していくことは、容易な作業ではない。伝統野菜が今も姿を消さずに残っているのは、このような栽培者さんがいるからである。しかし、栽培者さんの中には高齢のため、栽培をやめてしまう人が多く、このままでは種や株は消えてしまう。

今後の活動で求められるのは、種をどのように残していくかである。

伝統野菜のアンケートをすると、伝統野菜を知っている人がほとんどいない。まず、伝統野菜とは何かを伝え、市民のみなさんに食材の魅力を知ってもらい、おいしさを身近に感じ少しでも興味をもってもらうことが必要である。まず、体験活動や料理教室などを通して、見て、触れて、食べておいしさを実感してもらい、「また食べてみたい」「買いたい」という消費につながる活動ができれば、栽培する人が増えて生産量も増える。伝統野菜の呼び名についても親しみをもって使ってもらえるよう、名称を「いわき昔野菜」とし、他の野菜との差別化を図ることにした。

いわき昔野菜プレミアム料理教室でつくられた３品。小白井きゅうり、十六ササゲ、おくいも、むすめきたかなどが生かされている。むすめきたかは嫁にいった娘が里帰りしたときに、すぐに煮て食べさせることができるところから名づけられたという

いわき昔野菜プレミアム料理教室

２０１３年からは新規事業として、地元のフランス料理店シェフを講師に迎え、いわき昔野菜の特徴とおいしさを伝える、家庭でもできる「いわき昔野菜プレミアム料理教室」を開催した。どの料理も参加者の心を引きつける内容であり、参加者のほとんどは、初めて見る食材に感動と予想以上のおいしさに驚きを隠せない様子だった。

当日調理された料理では、夏野菜のキュウリ（昔きゅうり：三和町《みわまち》、小白井《おじろい》きゅうり：川前町）やインゲン（十六ササゲ：大久町、宮下一号：平）、ジ

ャガイモ（おくいも：遠野町・山玉町）やアズキ（むすめきたか：三和町）などが使われ、「いわき昔野菜」のすばらしさを見事に表現した料理ができあがった。

参加者の「いわき昔野菜」に対する意見の中に、初めて食べる野菜への驚きと多くの関心が寄せられた。今回の取り組みで「いわき昔野菜」が参加者の記憶に残る味となったことは大きな成果の一つである。この成果は、今後の活動においての自信となり、新しい取り組みへの活力になった。

生産者の畑で収穫した農産物を食材として生かすフランス料理店のシェフ

知名度アップが地域の農業に元気を与える

この活動で、伝統野菜の価値や魅力を引き出し、知名度を上げることができれば、「いわき昔野菜」の消失を食い止めることができる。原発事故後の風評により市内産農作物の消費低迷が続く中で、「いわき昔野菜」の復活は地産地消の推進にも大きく影響を与えるだろう。「いわき昔野菜」の魅力はこれからのいわきの農業に元気と活力を与えてくれると信じている。

いわきの農業は厳しい状況に置かれているが、いつの日か生産する喜びを取り戻し、食べてよろこんでくれる人のために農作物をつくれる日が来ることを願っている。「いわき昔野菜」が、農業の復興への求心力になってくれることを期待する。

有名店によるメニュー開発から学校教育まで広がる「江戸東京野菜」の復活運動

大竹　道茂（江戸東京・伝統野菜研究会）

江戸東京野菜とは

『江戸東京ゆかりの野菜と花』刊行

1987年だったか、東京の農業振興に永年携わってきた大先輩から、固定種など伝統野菜を栽培していた農家が激減しているとの衝撃的な話を聞いた。国の野菜指定産地制度が導入され、定着したことで、規格通りに段ボールにきっちり収まる野菜が求められたことから一代雑種のF_1が導入され、規格外が多く出て不経済な伝統野菜は、栽培されなくなっていたのだ。

伝統野菜は季節限定で、耐病性に劣り、周年栽培が不可能だったり日持ちがしないなどで、生産し販売する農家サイドからすると、大量生産、大量消費の流通形態の中では、リスクが大きすぎた。

江戸から東京へと野菜文化を伝えてきた伝統野菜は、「タネを播き、収穫し、食べ、一部からタネを採り、タネを播き……」というサイクルによって野菜の命は今日までつながっていて、江戸・東京の文化の礎《いしずえ》にあるものだ。そして貴重な遺伝資源は引き続き次代に伝えていかねばとも考えていただけに、ショックだった。

とにかくできることから始めようと、JA東京グループでは1989年、東京都の農業試験場長経験者や農業改良普及所長経験者、さらには東京都種苗協会関係者など二十数人に集まっていただいて、『江戸東京ゆかりの野菜と花』(JA東京中央会企画・発行)の編纂に取りかかった。仕事の合間の作業だったから時間がかかってしまったが、農文協の協力で1992年に刊行した。

東京・日本橋の橋上で滝野川ゴボウの即売

この時期に編纂に取り組めたことは大きかった。仮に、今日新たに取り組むこととなった場合、伝統野菜の情報を持った経験者の何人もが鬼籍に入り、貴重な情報までをも彼方へ持って行ってしまっている。

全国で伝統野菜の見直しが行われているが、各県とも時間との戦いで、地域での食文化の由緒や伝統野菜の来歴を知る長老たちは、日に日に少なくなっている。流通されないことで食べる人がいなくなり、栽培されず貴重な遺伝資源を持ったタネは激減している。

有名店によるメニュー開発

2005年、食育基本法が制定された頃から少し流れが変わった。2007年、日本橋の割烹「ゆかり」の二代目・野永喜一郎氏から「東京の割烹店の7割が京風の味付け。江戸の食材があるのなら江戸の味を伝えたい」との話をいただいた。前掲の『江戸東京ゆかりの野菜と花』を読んでくれたのだ。

一方、フレンチの巨匠・三國清三シェフは２００４年に月刊誌「ソトコト」の企画で、亀戸《かめいど》ダイコンを初め、東京の生産者を１年間訪ね歩き、自ら収穫した食材を料理することで、東京での地産地消を実践、食材の良さを確認された。

このことが２００９年に丸の内にミクニマルノウチをオープンするに当たり、東京の食材にこだわられた要因になったようだ。

三國シェフは、つねに生産者を大切にする

東京都農業祭で江戸東京野菜を展示

江戸東京野菜の定義

東京の有名店から始まった「江戸東京野菜」を使ったメニュー開発をきっかけに、飲食サイドからの強い要請があったことから、２０１１年７月、江戸東京野菜推進委員会（ＪＡ東京中央会）が江戸東京野菜を商標登録し、定義と品目を定めた。

江戸東京野菜の基本的考え方は、「江戸期から始まる東京の野菜文化を継承するとともに、種苗の大半が自給、または種苗商により確保されていた１９７４年（昭和中期）までの野菜、いわゆる在来種、または従来の栽培法等に由来する野菜とする」としている。

個々具体的な定義としては、江戸期から昭和中期に確立した品目、品種、栽培方法がある。また、生産状況は①複数の生産者が販売を目的として生産している、②今後、販売を目的とした生産が見込まれるものなど、いずれかに該当するものとしている。

特性確認としては、①品種特性に由来する品種固有の特性が明らかであること、②産地の歴史や風土に由来、伝統的な栽培方法等が特徴になっている、などである。

使用種苗は、在来の固定種を基本とし、種苗の来歴が明らかで、栽培を希望する生産者が入手可能なもので、しかも、東京の農業振興が背景にあることから、東京の生産者が生産することが前提となっている。これらの定義を踏まえ、具体的な品目については、江戸東京野菜推進委員会において決定することとしている。

現在登録されている江戸東京野菜

2013年度現在までに決定されている江戸東京野菜は次の34種類である。

・根菜類

練馬ダイコン、伝統大蔵ダイコン、亀戸ダイコン、高倉ダイコン、東光寺ダイコン、志村みの早生《わせ》ダイコン、汐入ダイコン、奥多摩ワサビ、品川カブ、金町コカブ、滝野川ゴボウ、渡辺早生ゴボウ、砂村三寸ニンジン、馬込《まごめ》三寸ニンジン。

・果菜類

馬込半白キュウリ、本田《ほんでん》ウリ、小金井のマクワ、東京大越ウリ、寺島ナス、雑司ヶ谷ナス、内藤トウガラシ、鳴子ウリ・府中御用ウリ、三河島エダマメ。

・葉茎菜類

後関晩生コマツナ、城南コマツナ、下山千歳白菜、ノラボウ菜、シントリ菜、青茎三河島菜、砂村一本ネギ、早稲田ミョウガ、東京ウド、タケノコ(孟宗竹)。

・その他

足立のつまもの(穂ジソ、ツル菜、木の芽、鮎タデ、あさつき、メカブ、紫芽)。

江戸東京野菜の物語

野菜にまつわる物語は、付加価値として普及や消費に重要な役割を果たしている

のちに五代将軍となった綱吉がまだ地方大名の右馬頭だったとき、尾張から大根のタネを取り寄せ、練馬の地で農民に播かせたところ、地ダイコンと交雑し、また関東ローム層の火山灰土に適して1mもある大きなダイコンが生産された。それが、江戸東

江戸名所百景の箕輪、金杉、三河島

京野菜の代表である練馬ダイコンである。以後、練馬はダイコンの産地として発展したが、それには、沢庵和尚によって普及された糠漬けを取り入れ、消費拡大が図られたことが大きい。

八代将軍吉宗は、鷹狩で丹頂鶴の群れる水田地帯で鷹狩を楽しんでいたが、「腹がすいた」と水田の一角にあった祠《ほこら》で昼食を所望する。「急に来られても……」と、出してくれたのが餅の澄まし汁に庭の青菜を彩りに入れたもの。冬が旬の青菜はうまい。吉宗はたいそう気に入り、その名を聞くが、「名もない菜だ」との返事。それなら、と「このあたりは小松川だから、その名を小松菜とするが良い」と、吉宗が名付けたと伝わっている。

家康、秀忠、家光と三代にわたる将軍は、ことのほかマクワウリ（真桑瓜）が好きだった。美濃の真桑村から毎年真桑瓜栽培の名人を呼び寄せてつくらせたと府中市の史実に記されている。

登録を待っている江戸東京野菜たち

今後、生産者が栽培に取り組むことで登録が予定されているものとしては、杉並区高井戸が産地だった高井戸キュウリ、新宿が産地だった内藤カボチャがある。

また、足立区千住が産地だった千住ネギと千住黒柄ネギ、世田谷区砧《きぬた》地区に伝わる宇奈根ネギ、昭島市の拝島ネギ、京都から伝わった菜っ葉として京菜、八王子市川口地区の川口エンドウ、檜原《ひのはら》村に伝わるおいねのつるいも、足立の菜花などもある。

これらの野菜にも物語があり、物語とともに出番を待っている。

江戸東京野菜を探し続け、選抜し、種を採る

ダイコンの母株は葉で選ぶ

東京都農林総合研究センター（東京都立川市）に保存されている研究資料の細密画に、「練馬蘿蔔《らふく》」がある。1868〜1940年（明治から昭和初期）にかけて描かれたもので、練馬ダイコンのタネを採種するための貴重な資料だ。細密画に描かれた葉は、伝統的な練馬大根の特徴を表している。

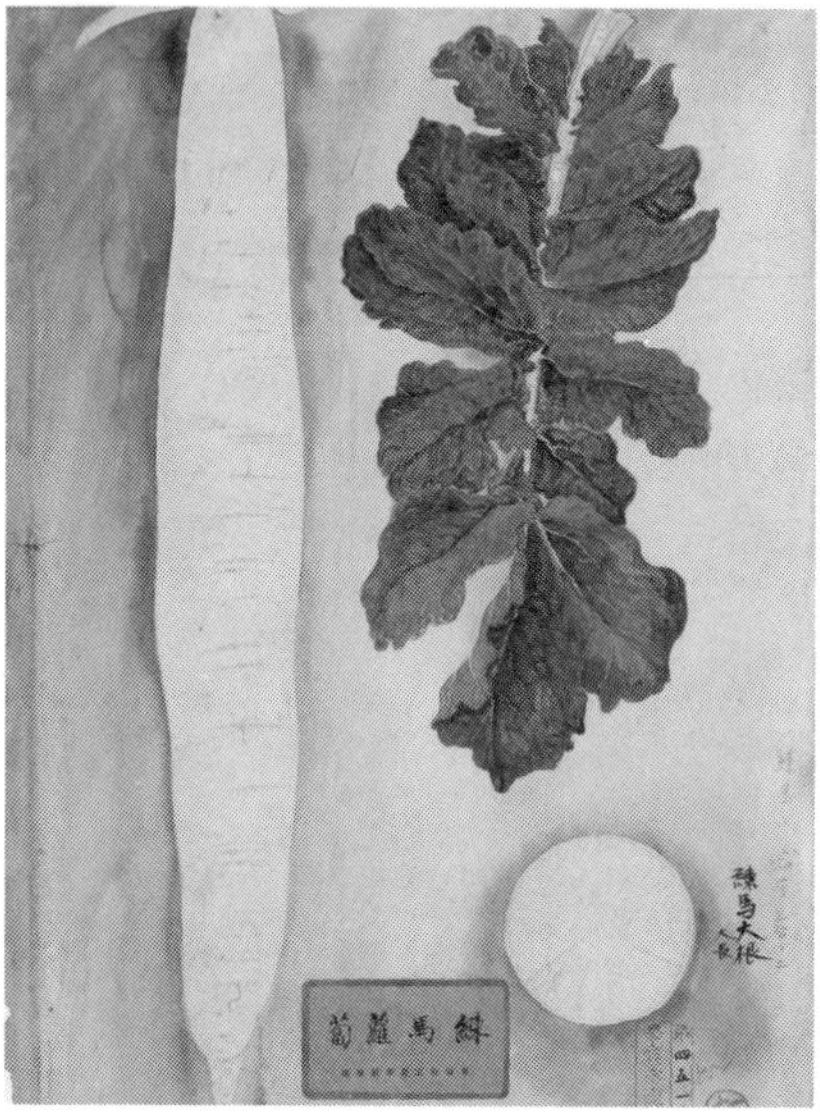

練馬蘿蔔は、練馬ダイコンの特徴をあらわす細密画（東京都農林総合研究センター）

　練馬ダイコンの種採り作業としては、まず、絵と同じ葉のダイコンを採種用の畑から選んで抜いていく。次に、抜いた大根の中からプロポーションが細密画と同じようなものを選ぶ。そして選ばれたダイコンの3分の1あたりをカットして、細密画に描かれた断面と比べる。

　断面に白く固まった細胞があると、それは老朽化した細胞であり、そこから「す」が入ることから、断面は均等に瑞々《みずみず》しいものを選び、採種用として再び畑に埋め戻す。

　この練馬ダイコンと同様に、秋つまりダイコンの細密画も保存されている。

　亀戸ダイコンには同様の細密画はないが、かつて地元では「お多福ダイコン」「おかめダイコン」と呼ばれていた。これは、ダイコンの肌が白くてきめ細かなところが似ているからといわれているが、葉の先端部がお多福のシルエットに似ているから、という説もある。いずれにせよ、わかりやすい名前だ。

大ぶりの本田ウリは果肉が黄色で香りよく、ほのかな甘みが特徴

内田家では昔から自家用にマクワウリを栽培

しかし、市販の亀戸ダイコンのタネはプロポーションと色に重点が置かれていて、葉を選び、ダイコンを選ぶという採種方法は、十分に伝わっていないようで葉のそろいが悪い。

幻のマクワウリ「本田うり」の発見

２００９年8月初め、幻のマクワウリ、「本田《ほんでん》うり」が見つかった。

足立区興野《おきの》の農家・内田家では、昔からマクワウリを自家用に栽培していた。なんでも同家では、これを食べないと夏が来ないというのだ。同じウリを何年も繰り返し栽培すると、純粋に近づき病気などに弱くなるのではとの不安から、東京都農林総合研究センター江戸川分場に相談したことから、本田ウリの存在が確認された。大ぶりで熟した果肉は黄色く、良い香りで、ほのかな甘みが懐かしいものだった。

このニュースが新聞で伝わると、小金井市の農家でも、別のマクワウリが見つかった。この発見は、まだまだ、幻の伝統野菜を自家用に栽培している農家があるのではないか、と期待を持たせるものであった。

早稲田ミョウガ捜索隊を結成

夏の終わりに、自宅で採れたミョウガを刻んで素麺の薬味にして食べているとき、江戸っ子が好んだ「早稲田ミョウガ」も早稲田のいずこかに、こっそりと生きているのではないかとの思いが、ふと頭をよぎった。そこで、「ミョウガは栄養繁殖で、地下茎によって繁殖するものだから、早稲田の古い屋敷の裏あたりにまだ残っているのではないか」と仮説を立て、2009年12月のブログで「早稲田ミョウガを探しませんか!」と問いかけてみた。

早稲田ミョウガについては、文化文政時代(1804~1830)に書かれた、『新編武蔵風土記稿』に「村内の多く茗荷を植えて江戸に鬻《ひさ》ぐ、之を早稲田茗荷と称せり」とあるほか、田山花袋の『東京の三十年』には、「早稲田から鶴巻町へ出て来るところは、一面の茗荷畑で、早稲田の茗荷と言えば、野菜市場にもきこえたものであった」とある。

これは花袋が1881年に上京してから30年間を記したものだが、1882年には大隈重信によって早稲田大学の前身・東京専門学校が田圃やミョウガ畑の中に設立されると、その後、あたりは学生たちの食堂や書店、下宿屋などができ、都市化が進行し今日に至っている。早稲田大学総合学術情報センターの敷地は元安部球場で、同センターのホームページに「初代野球部長の安部磯雄先生が野球部員たちと茗荷畑を整地してグラウンドを造った……」とある。また、早大正門近くには、モニュメント「早稲田茗荷」もある。

そんな私の思いを聞いてくれたのが、東京農工大の元学長で名誉教授の梶井功先生だ。当時、早稲田大学の副総長をされていた堀口健治先生を紹介してくれた。学生、OB、OGに早稲田ミョウガへの思いを伝えたことで「早稲田ミョウガ捜索隊」が結成された。

香りの強いミョウガがお目見え

当時、政治経済学部4年の石原光訓隊長のもと、

ミョウガ畑を整地してつくった安部球場

赤みが美しく、香りの強い早稲田ミョウガ

数回にわたる捜索活動で三十数カ所以上ミョウガが生えているのが見つかり、捜索の模様はＮＨＫ「ニュース７」でも報道された。その中で、１８９３年からお住まいのお宅で発見したミョウガを、地下茎の休眠を待って12月に同家のご厚意を得て掘り起こし、ミョウガ栽培の経験を持つ練馬の農家、井之口喜實夫氏に増殖を託した。

２０１２年９月には待望の早稲田ミョウガの子が芽を出した。早稲田ミョウガの特徴として伝わる、晩生で、赤みが美しく、香りが強いミョウガだった。これにより、早大が取り組む宮城県の気仙沼復興支援として、気仙沼の戻りカツオの「つま」にして食べるなど、早稲田大学周辺商店連合会が実施した早稲田カツオ祭りを盛り上げた。

子どもたちによる江戸東京野菜の復活活動

栽培・採種をつなぐ

独立行政法人農業生物資源研究所の遺伝資源データベースの利用も行っている。そこからは、「寺島ナス」「雑司ヶ谷ナス」「砂村三寸ニンジン」「志村みの早生ダイコン」「渡辺早生ゴボウ」「東京大越ウリ」「千住ネギ」「高井戸キュウリ」などが見つかった。

「寺島ナス」の名前の元である寺島村は、現在の墨田区東向島である。寺島という地名は今日、小中学校に名を留めるだけだが、地元の人たちは寺島の名に郷愁を感じ、区立第一寺島小学校の開校１３０周年記念に食育授業で全校生徒が「寺島ナス」の栽培に取り組んでいる。毎年採種し、現在も栽培が継続されており、地元の商店街で地域興しにまで発展している。

また「雑司ヶ谷ナス」は、豊島区雑司ヶ谷地区の区立千登世橋中学校が復活に取り組み、「砂村三寸ニンジン」は、地元江東区立砂町小学校と第四砂町中学校が取り組んでいる。「志村みの早生ダイコン」は、板橋区の栄養士さんたちから板橋の名前のついた野菜を子供たちに食べさせたいとの思いを受けて探し出したもので、板橋区志村地区の小学校で栽培が始まった。

「砂村一本ネギ」を栽培している江東区立第五砂町小学校でも、種採りを毎年実施している。同校の銭元真規江栄養教諭は、「伝統野菜はタネを通して命がつながっている」ことを生徒たちに伝えようと、2011年から、授業でタネを採った後に後輩たちに引き継ぐ儀式を行っている。生徒たちは、単なる食べ物から、江戸の時代に想いを馳せている。

2010年12月、荒川区の伝統野菜「三河島菜」が小平の地で復活した。同区では教育委員会と環境課が協力して2011年小平市で採種したタネで、同区立の小学校で栽培が始まった。

2012年、尾久宮前小学校で採種したタネが後輩たちに引き継がれており、伊藤英夫校長は、名刺代わりにタネを配布して、同校の取り組みを伝えている。

2013年度、公立中学校の「飼育栽培」の教科が必須となったことから、「どうせ栽培するなら江戸東京野菜を栽培したい」と豊島区立西池袋中学校から相談があり、5月から「雑司ヶ谷ナス」の栽培が始まった。

高校生の江戸東京野菜プロジェクト

2010年の2月、都立園芸高等学校の2年生3人が、3学年の課題研究で取り組もうと、ブログ「江戸東京野菜通信」に掲載されている生産者を訪ね、江戸東京野菜の苗やタネをいただいてきて、学校での栽培を開始した。生徒の一人は、種採りに取り組み、他の二人は普及に取り組んだ。また、後輩の2年生10名は「江戸東京野菜プロジェクト」を立

５年生が採種したタネを４年生に手渡す

受け取ったタネをクラスメイトに見せる

ち上げた。

これらの生徒たちの取り組みに力を得て、２０１１年、都立農業系高校６校の校長会でプレゼンの機会をいただいた。

校長先生方を前に「各農校のテリトリーに由来する伝統野菜は、その学校が責任を持ってタネを採り次代に伝えてほしい」旨をお願いしたところ、校長先生方の賛同をいただくことができ、また東京都が初めて発行した２０１１年度版副読本「江戸から東京へ」に、江戸野菜として園芸高校の栽培風景が掲載された。おかげさまで、順次各校で栽培が始まり、種採りも行われている。

一過性のブームには終わらせない

東京大学大学院農学生命科学研究科附属生態調和農学機構でも「千住ネギ」「高井戸キュウリ」の復活栽培が始まった。地域興しに活かしたいとする該当地の市民たちは、タネが採れるのを待っている。

２０１２年から始まった「江戸東京野菜コンシェルジュ育成講座」には、生産者、流通業者、市場関係者、料理人や飲食店、栄養教諭や栄養士、料理研究家、フードジャーナリストなど、直接間接を問わず江戸東京野菜にかかわる方々が受講してくれている。受講人数は2期で70余名であり、相互の情報交換がスムーズになっている。

江戸東京野菜が、単なる一過性のブームで終わることのないよう、多くの皆さんの尽力によって、次世代に引き継がれようとしている。

集めた種を貸し出し、2倍にして返してもらう お金で取引をしない「安曇野たねバンク」

臼井 朋子（安曇野たねバンクプロジェクト）

始まりはバングラデシュへの旅から

自然とともに生きる暮らし方へ

安曇野たねバンクは、「ゲストハウス シャンティクティ（長野県北安曇郡池田町）の一角にある。シャンティクティはサンスクリット語で「平和の家」という意味であり、ネパールにあった小さな宿の名をもとに命名。「アジアの旅で見た、自然とともに祈りをもって生きる人々の暮らし方を、ここ日本で実現しよう」という学びの場として、セミナーやワークショップの会場に使われている。

安曇野たねバンクの誕生もまた、バングラデシュの旅から始まった。２０１２年冬、バングラデシュで20年前まで有機農業の指導をしていた村上真平さんと私たち夫婦の3人で、日本ではペール缶などの廃棄物で作れる籾殻かまどの紹介に出かけた。その折にバングラデシュで見たシードバンクと、そこに集う人々に強く魅せられたのであった。

2倍にして返すというシステム

バングラデシュでは、緑の革命以降ハイブリッドの種、化学肥料、農薬漬けになっていた農業を有機無農薬に変える「ノヤクリシー」という新しい農業のムーブメントが起こっていた。

これは、伝統的知恵に基づいた方法で村ごと持続可能な農業を目指すものであった。シードバンクは、洪水で種をなくした村に種を貸したことに始まり、今では55のシードバンクがあるという。活動拠点となっている施設では、ローカルなコメが１０００種類以上、ほかにもマメや野菜の種が管理され、これを農民に貸し出し、1年後に2倍にして返すというシステムになっている。

緑の革命以前のバングラデシュでは、水の深いところでも背が高くなり穂が水面の上にあるコメや、お菓子にするコメ、米粉用、香り米など、多種多様なコメが約３０００種もあり、地域や季節や用途に合わせ育てられていた。しかし緑の革命によって、高収量のハイブリッドの種に取って代わられてしまっている。そこでシードバンクでは、失われかけていた種を集め、貸し出し、増やしているのだ。

小さな村にもシードバンクがあり、村の女性たちが管理していた。伝統的なお産で助産婦もやっているというシードバンクの代表の女性は、「種を守るのは女の仕事。一人ではできないから村の女性たち12人で集まってやっている」「子供たちにも手伝わせ、大切であることを教える」と語ってくれた。また、ある村では、「以前なら男は町に種を買いに行

おコメのポップコーンのような菓子を選別

混植されているノヤクリシーの圃場（左・臼井朋子さん。バングラデシュ）

き、お金を使って帰ってくるから争いもあったが、今は奥さんが種を守ってくれ、一緒にできるので家庭に平安がある」と話してくれた。

みな一様に「野菜がおいしい。おいしいから高くも売れて、健康にもなる。いいことばかりだ」「シードバンクがあることで人が集まり、情報交換ができ、いろんな種を持ってきてくれたりもして幸せだ」と、いきいきと話してくれた。

こうした出会いから、シードバンクを日本に作ろうという考えが生まれたのだ。

素焼きのかめに種を保存（バングラデシュのシードバンク）

種をお金で取引せず分け合う関係を構築

日本に帰ってから、種についていろいろ調べてみた。そんな中で、野口のタネ・野口種苗研究所の野口勲さんとの出会いもあり、日本の種の問題も見えてきた。

そこで、バングラデシュの報告会を行い、安曇野たねバンクプロジェクトの仲間づくりが始まった。安曇野たねバンクプロジェクトは、バングラデシュに倣い、集めた種を有志で管理し、希望者に貸し出し、2倍にして返すシステムである。

種の交換会と合わせた報告会では、娘さんに薦められて来てみたというおばあちゃんが、「これはお嫁入りのときに持たしてもらったマメで、もうずっと種採りしています」と持ってきてくれたり、やはり「嫁入りのときから育てているモチモロコシですが、おいしいので孫のために作っています」と送ってくれる人がいたりと、うれしいつながりができた。広島のジーンバンクからも、種が送られてきた。

　自然界では種を「一粒万粒」というように無償で惜しみなく与えてくれる。それをお金にして儲けようとしたところから、現在の問題が生まれたのだ。もちろん野口のタネ・野口種苗研究所やたねの森、自然農法国際研究開発センターのように、日本にも良質の種を扱っている種苗店もあるが、世界的に見ればモンサント社のような巨大企業が種を独占しようとしているのが現状だ。

　私たちは、種をお金で取り引きしない、自然界と同じように分け合い、与え合う関係を築きたいと思っている。

　たねバンクの建物は、2012年度のパーマカルチャー塾建築実習としてみんなで計画し、つくった。畳やもみ殻で断熱し、棚がたくさんとれるように螺旋の階段をつけ、地下にはイモなどの保存用に室もつけた自然素材の楽しい建物になった。軒下には種を干したりできるスペースもうけた。今では、約200種の種が集まり、棚を覆っている。

想いをともにする人をつなげるイベント

種を希望者に貸し出し、2倍にして返すシステムではあるが、まだ種採りをしたことがない人は多い。そういった人向けに、シャンティクティの畑で種まきから種採りまでの講座も行っている。その一環である「自然農野菜作りとかまどの会」には多くの家族連れが参加。子供たちと野菜を作り、それをかまどで薪をくべてご飯を炊いたり、料理を作ったりして一緒に食べることを楽しんでいる。

　また「田んぼの会」では、長野県在来の古代米である白毛餅を栽培し、最後はみんなで餅つきをして食べることをやっている。

　伝統種のおいしさを味わい、作りつづけていきたいという想いを育てていくことが大切だと思う。「シードバンクフォーラム」も東京や地元池田で開催している。想いをともにする人がつながり、各地に広がっていくことを心より望む。

2013年3月に行われた「安曇野シードバンクフォーラム」では、映画『よみがえりのレシピ』の上映会、パネルディスカッション、地元の伝統野菜を使った料理での交流会、シードバンクを広げ育てるための意見交換会、さらに種苗交換会、種まきや種採りの講習会などを行った。映画の中に出てきた山形の在来作物を守る取り組みが感動を呼び、地元でも守っていきたいという強い思いになった集いとなった。

とにかく種採りを始めてみることが大切

安曇野たねバンクは生まれたばかりである。これから育てていかなくてはならない課題がたくさんある。組織化、ネットワークづくり、種の管理などをどうするのか、種の交雑をどう防ぐのか、在来作物を集め確実につないでいくこと、さらに一般の農家の人とのつながりをどう広げていくかなど、すべて手探りの状況である。

ただ、いろいろ考えていると、なかなか進まない。とにかく始めてみることが大切だ。皆さんにも、まずは固定種、在来種の種をまいて、種採りまでやってみてほしい。ちゃんと種が取れず返せなくても、自分の余っている種を持ってきてくれたらそれでいい。

さまざまな情報交換の場が必要ということで、「たねカフェ」のアイデアも生まれた。みんなで種や作物を持ち寄りながら情報交換し、育てる知恵と喜びを分かち合いたい。

小さくてもいいから各地にシードバンクを

バングラデシュの人々がシードバンクに集まり、幸せそうに語ってくれたことを日本で実現したい。

200種余りの在来種、固定種の種を保存

安曇野たねバンクの種センター（左）

種や作物を持ち寄り、種苗交換をしたり、種採りの講習をしたりするたねカフェを開催

建物の壁は漆喰で塗り固め、入口には木材を生かしたドアを取りつけている

それはシャンティクティの安曇野たねバンクだけでなく、小さくていいから納屋の一角、カフェやレストランの一角に種が置いてあって、種を持ってくる人がいて、借りていく人がいる、そんな空間が各地にできることを望む。

そして各シードバンクでもつながりを持ち、どこにどんな種があるのかわかるようなネットワークも作りたい。そうして種採りしながらおいしい野菜を自分で作って食べる人が増えればなんて楽しいだろうと思う。農家の方も、おいしくて、それが高くても売れれば、きっとつくるはずだ。

大量生産・大量消費の時代は、もう終わりにしよう。おいしくて体にもいい野菜を、素材に合わせ丁寧に料理していくことを楽しめる、ゆとりある暮らしが求められる。それを地域ぐるみで守り育てていくことができたらいいと思う。たとえ小さくても意義のあるシードバンクが各地にでき、地域のセンターとして人々がつながり、持続可能な農業と暮らしをともに歩んでいけるようにしたい（口絵4色グラビア14〜16頁でも活動の一端を紹介している）。

土の清浄化と自家採種による種の清浄化

～秀明自然農法の取り組みから～

横田　光弘（秀明自然農法ネットワーク）

秀明自然農法とは？

秀明自然農法とは、自然堆肥以外の一切の不純物を混ぜることなく、土を清浄化し、土自体の力を強化・発揮させる農法で、清浄な土、自家採種された種子、生産者の作物への愛情と大地への感謝を大きな特徴としている。

そして秀明自然農法ネットワーク（ＳＮＮ）は、宗教家であり哲学者、農法家でもあった岡田茂吉《もきち》師（１８８２～１９５５年）が提唱した自然栽培法とその理念を継承し、広く世に発信するために設立されたＮＰＯ法人である。

自然栽培の創始者である岡田師は、若い頃から大変病弱で、あるとき、結核を患い、「不治」と宣告されても、「クスリは毒だ」と絶対菜食を３カ月間貫き、食事のみで完治されたという。「秀明自然農法」は、そんな岡田師自身の体験に基づいて生まれた。

かつては、各地の農家が師の教えに従い、個々にこの農法を実践していたが、1992年、SNNの母体でもある神慈秀明会の会主である小山美秀子《みほこ》氏が、全国的にこの農法を実践するように会員に呼びかけたのを契機に、会全体としても積極的に取り組み始めた。農家の人だけでなく、家庭菜園や全くの素人で取り組み始めた人も少なくない。現在1ha以上の農地で実施している専業農家は約200世帯。全国各地で栽培と採種を実践している。

秀明自然農法ネットワークのしがらきの里（滋賀県甲賀市信楽町）

滋賀県甲賀市信楽町《しがらきちょう》にある「秀明自然農法しがらきの里」では、地域の後継者不足のため荒廃した田んぼと畑を整備し、ヒノキ林や雑木林を間伐し、下草刈りするなどして、昔ながらの里山を復活。古民家を移築した場所が、この農法の実践と研究、そしてさまざまな学びと交流の場となっている。

日本はもとより海外でも実施されている。

秀明自然農法しがらきの里

土壌に、化学肥料、農薬はもちろん、有機肥料も投入することなく、作物を育てるこの農法は、香りや味の濃い、生命力豊かな農作物を生み出す。

初めて知る人は、「そんな魔法のような農法があるわけがない」と思うかもしれない。それでもこの農法は、農家や農業の勉強を積んだ人でなくとも、家庭菜園等で手軽に行える。ただし、現在の土は、何かしら薬剤や肥料がすでに蓄積されていることが多く、秀明自然農法を始めてもすぐには成果が得られず、初期には収量が上がらないことも多いが、そこを乗り越えて栽培を続けることで、だんだん収量も上がるようになる。

めざすのは土の清浄化

秀明自然農法の特徴は、大きく二つある。第一の特徴は、土壌の清浄化に努めることである。

野山の草木が、肥料を与えずとも生長し、青々と息づいている。このことからもわかる通り、土そのものは、本質的に有り余るほどの栄養分を含んでおり、人間が余計なことをしないほうが、必要な植物・作物を十分に育てる力を発揮することができるのである。

安易に農薬や肥料を投入することは、反自然的な行為であり、土を汚すことにつながる。そして土が本来持っている力を発揮できなくしてしまう。現在の農地の多くがそんな状態になっている。余計な肥料分は、作物が吸収すると有毒化し、それがまた害虫と呼ばれる虫たちの発生源にもなる。また肥料を与えると、作物は肥料を養分としなければ育たないように変質してしまう。

また余計な肥料分は種子にも残存し、良くない影響を及ぼす。秀明自然農法では、これを「肥毒《ひどく》」と呼んでいる。

土が本来持っている力を発揮できるように、農薬、肥料等の投入を止め、土の清浄化に取り組まなければならない。そして土の力を信じて、作物の生育を土に任せる。土が清浄化され、本来の力を発揮できるようになれば、作物は連作するほどよくできる。連作障害も起こらず、年々よりよい作物が育つようになるのだ。

自家採種で種子を清浄化する

第二の特徴として、この農法において、土の清浄化と並んで不可欠な要素となっているのが「自家採種」である。

その第一の目的は「種子の肥毒を抜くこと」にある。肥料を与えられて育った作物から生まれた種子は、土本来の栄養を吸収する機能が変質し、肥料を求めるようになっている。種子そのものが肥毒を含んでいるために弱く、病虫害も発生しやすい。一方、秀明自然農法に基づいて採種された種子は、土本来の栄養を吸収する働きが強く、肥料がなくても健康に育つ。肥料や農薬を投入しない土地で採種を繰り返すことで、種子の肥毒が抜け、土本来の栄養素を吸収して生育する機能が回復する。

第二の目的は、種子の「土地と気候への適応力を強化させること」。土地によって土の成分や気候も異なり、植物はその土地で繁殖を繰り返して適応しながら、独自の進化を遂げてきた。現存する品種の多くはその結果生まれたものである。よって採種は、その作物を栽培する農場内で行うのが最も理想的である。そこで繰り返し採種することで、その圃場ならではの優良品種へと進化していく。

たとえばミニトマト。露地で栽培すると雨に当たって皮が裂けてしまうので、ハウスや雨よけをして栽培することが多いが、若葉農園の場合は露地で育てても、皮が裂けない。それはなぜだろう？

若葉農園の場合、「露地栽培のミニトマトが、台風の暴風雨に晒された後、大部分の果実の果皮が裂けてしまったのですが、その中に1、2本だけ割れずに残っている実があったのです。その種を採って翌年栽培し、その中からまた雨でも皮の裂けない実から採種する。これを繰り返すことで、露地でも裂けないミニトマトになったのです」と説明している。

さらに山口県長門市の中野茂樹さんの畑では、「去年9月頃、スイカの種を採ろうと、種採り用の実を収穫して、コンテナにしまっておきました。『種を採り出すのは、あとからでもいい』と思って後回しにするうちに、気がつけば12月になっていました。恐る恐るスイカを割って種を取り出しましたが、実はちょっと軟らかくなっていた程度。腐ってはおらず、いい匂いで、食べられそうなほどでした」とのこと。自家採種の種からできた作物は保水性が良いようだ。

会員の間で、種子にまつわるそんな話は、枚挙にいとまがない。

交配種F_1の種子は、形質も発芽や生育の時期もそろっていて、経済至上主義の流通の中では、たしかに有効かもしれない。しかし、ひとたび大雨や日照りに襲われると、全滅してしまう危険性が極めて高い。一方、自家採種した在来種（固定種）の種子からできた作物は、発芽や生育、形質もバラツキがち。それでも危機的状況に襲われたとき、生き残る個体が現れる。そこから再び採種を繰り返して命をつなぐ。そんな強さを秘めている。

秀明自然農法ネットワークのみなさん（左から二人目が横田光弘さん、四人目が中野茂樹さん）

「若葉農園」での実践

秀明自然農法で自家採種

ここで、私が運営する徳島県名西郡石井町の「若葉農園」の例を報告しよう。

現在、私は若葉農園の代表取締役を務めているが、就農したのは１９９４年。これまで20年近く、農薬も肥料も与えずに野菜を栽培してきた。作物の出来栄えは年々良くなっている。現在３haの畑で年間40品目の野菜を栽培。５００世帯の会員に、毎月１０００セットの野菜を販売している他、研修生も

ハクサイは交雑性が強く、採種がむずかしい野菜の一つ。結球性を保つように固定化中

種苗部は多様な作物の自家採種を推進している

中長ナスの結果。ピーマンと同様に立枯病に悩まされていたが、自家採種を続け、選抜を繰り返すうちに病気もほとんどなくなり、草姿、果実ともに美しくそろうようになって収量も安定してきた

広く受け入れている。

　私自身、本格的に自家採種を始めたのは10年ほど前から。以前はF_1の種子も使っていた。露地栽培なので、ピーマン、トマト、ナスなどの、生育半ばの立ち枯れに悩まされていた。苗を植えて、ある程度育っても、収穫を目前にして、バタバタと枯れてしまうのである。それを固定種に変えて、自家採種を続けると、全体の3分の1が残るようになっていた。さらに選抜を繰り返すうちに、半分、4分の3……ついには全部残るようになった。

　これもまた、秀明自然農法と自家採種のなせる技。そこから採った種で育てることで、強靭な作物に「進化」していくのだ。

　またあるとき、圃場に地元の農業大学校の指導員が訪れ、農薬も肥料も使わずに見事な野菜を育てているのを見て、「秀明自然農法はすごい！」と驚いた。ところが、灌水チューブで灌水している様子を見て、こんな疑念を抱いた。「もしかして、地下水に他の農家の与えた肥料分が、溶け込んでいるのではないか？」。「もしそれが本当ならば、水質汚染。大変な

ホウレンソウの成分分析結果

サンプル名	糖度（%）	抗酸化力（TEmg /100g）	ビタミンC（mg /100g）	硝酸イオン（mg /L）	味（1 ～ 5）
若葉農園のホウレンソウ	12.3	197.1	87.7	5 >	5
全国平均のホウレンソウ（2006 年～ 2010 年）	8.2	88.3	65.9	2111.7	4

ことだ」。そう考え、数カ所の圃場の地下水をペットボトルに入れて持ち帰ってもらい、水質検査を依頼した。1週間後に出た結果は、「全く普通のきれいな水でした。もちろん肥料分も検出されませんでした」。こうして無施肥でも野菜は育つことが、証明されたのである。

糖度が高く甘いホウレンソウ

秀明自然農法で栽培した野菜や土壌を分析すると、科学的にも優れた数値が現れることが、実証されつつある。

若葉農園の秀明自然農法ホウレンソウの成分を分析する機会があった。すると、全国平均では2000mg/ℓを超える硝酸イオンが、測定機器の検出限界の5mg/ℓ以下で、検出されなかった。また、糖度は12・3%、抗酸化力は197・1TEmg/100g、ビタミンCは87・7mg/100gと、全国平均をかなり上回っている。これを計測したデリカフーズの担当者は、大変驚いていた。

若葉農園のホウレンソウは、糖度が高く甘い。あるお母さんが、茹でて小さなお子さんに持たせたら、いつまでも根元の軸をしゃぶっていたそうだ。それほど甘い。湯がかずに生で食べても大丈夫。「特別に甘味の強い品種なのですか?」と聞かれることがあるが、実は在来種の日本ホウレンソウ。秀明自然農法で育て、自家採種を繰り返していくうちにそうなるのだ。

私の野菜を購入している会員の中には、アレルギーの症状に悩んでいる方もおられるが、「秀明自然農法のお米や野菜を食べるようになってから、症状が出なくなり、たくさん食べられるようになりまし

袋をかぶせ、莢ごと軒下に吊るして乾燥させる

種を採るのに昔ながらの唐箕を使用

乾燥させた莢からエンドウの種を採る

た」という感想も寄せられている。

アトピーや化学物質過敏症等に悩む人たちからも、秀明自然農法の農作物は「安心して食べられる」と評価されることが多い。

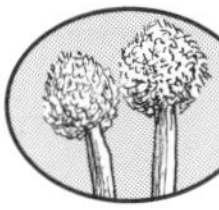

ＳＮＮ種苗部の取り組み

ＳＮＮには種苗部があり、月に一度、有志が集まって勉強会を開いている。その中で、種採りの技術を学んだり、先進的な農家の取り組みを紹介している。また、広島県の農業ジーンバンクの船越建明さん、長崎県の岩崎政利さんの圃場をお訪ねしたこともある。

勉強会の課題は、作物の出来、不出来に始まり、種子の採りにくい結球野菜やタマネギなどについては、会員の成功事例を発表したりしている。

タマネギは、開花の時期に梅雨を迎えるので、受粉しにくい上に、特有の虫が食害し、その虫がつけた傷に雨が当たると株が傷んでしまう。そのため、採種業者は農薬を使うのが通例となっている。ところが秀明自然農法の場合は、作物自体が健全で害虫の影響を受けにくいので、少々の雨が当たっても平気だ。

採種用タマネギの植えつけ（10月）。分球数の少ない株のほうがしっかり育つ。円内はネギ坊主

初めて秀明自然農法と、種採りの作業に取り組もうとするとき、誰もが「手間がかかって大変だ」と思ってしまう。たしかに膨大な手間と時間を要する大変な作業である。

一般的に「種の更新」と聞いたとき、多くの人は、何百年、何千年と、気の遠くなるような年月が必要だと思うかもしれない。ところが、実際は数年で変わっていくのである。種子が進化していく。しかも短いスパンで劇的に。それを感じたときに、種採りに費やした時間と手間以上のよろこびが返ってくる。そして、秀明自然農法や種採りの作業が楽しくなってくる。

秀明自然農法は、農薬や肥料を使わないので、家庭菜園レベルで、誰もが気軽に始められる。最初のうちは土づくりや種採りがうまくいかないことも多いが、続けるうちに必ず実を結んでいく。毎年2月には勉強会を開催しているので、ぜひとも気軽に参加して、多くの方に取り組んでいただきたい。

京の伝統野菜の保全・利用促進活動
～桂高等学校「京の伝統野菜を守る研究班」～

松田　俊彦（京都府立桂高等学校）

コンテスト出場から研究班発足まで

生徒の素朴な疑問から

「先生、京野菜の種って海外から来てるの?」。生徒がホームセンターから種を買ってきて言った、最初の言葉である。

２００９年４月より母校（京都府立桂高等学校）へ赴任し、野菜担当となった私は、野菜部の有志を集めて、ＪＡが主催する「全国高校生対抗ごはんＤＥ笑顔プロジェクト選手権大会」に応募することにした。「せっかく京都に住んでいるのだから、京野菜を栽培してみよう」と提案し、種を買いに行かせたところ、先ほどの言葉が返ってきた。

私自身も恥ずかしながら、大手種苗会社が販売する種子のほとんどが海外で採種されていることは知っていたが、京野菜の種も海外で採種されている現状を知らなかったのである。

・京都で採種した種を求めて

コンテストに出場するにあたり、私たちは「京水菜」を栽培することにした。しかしどこの店を探しても、京都産どころか国内で採種された京水菜の種さえ見つからないのである。そこで、本校の卒業生を訪ねたところ、京都市伏見区の農家巽文夫氏が京水菜の種を自家採種しており、後輩のためにと譲り受けることができた。

この種をきっかけに、本校が京野菜の種を集めることになる。

ホテルで販売した京水菜のケーキ

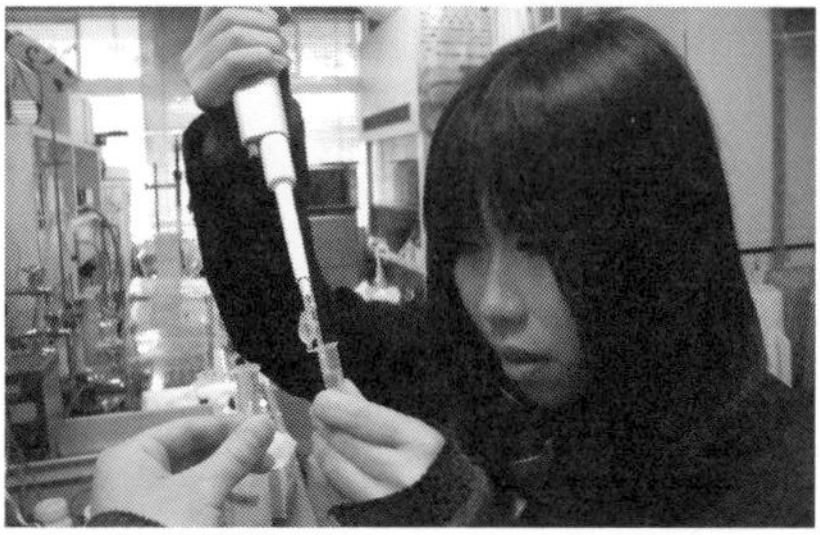

京水菜の機能性成分について、京都府立大学と共同分析を行う

・全国大会出場へ

譲り受けた種は本校で栽培し、現在も採種を続けている。

また、この京水菜を使ってオリジナルケーキを製作し、グランドプリンスホテル京都（京都市左京区宝ヶ池）に提案したところ、期間限定ながら販売することができた。

コンテストでは自家採種の種を見つけ出し、栽培から加工・販売までの取り組みが評価され、東海・近畿ブロック予選を通過し全国大会に出場することができた。全国大会はＮＨＫで全国放送され、多くの人に京野菜の種に関する課題について情報発信できたと考える。

京の伝統野菜を守る研究班発足

本校ではＴＡＦＦ（Training in Agriculture for Future Farmers）という、大学のゼミ形式のような授業がある。2、3年生が共同で課題研究するプログラムであるが、私は京野菜の種子に関する活動に授業で取り組むことができないかと考え、「京の

京の伝統野菜と京のブランド産品の相関図

京の伝統野菜37品目

絶滅したもの（2品目）
郡だいこん　東寺かぶ

現存するもの（35品目）
（うち消費者向け出荷が少ないため、ブランド指定していないもの）（22品目）
辛味だいこん　青味だいこん　時無しだいこん　桃山だいこん　茎だいこん　佐波賀だいこん　松ヶ崎浮菜かぶ　佐波賀かぶ　大内かぶ　舞鶴かぶ　すぐき菜　うぐいす菜　畑菜　もぎなす　田中とうがらし　桂うり　京うど　柊野ささげ　京みょうが　京せり　じゅんさい　聖護院きゅうり

ブランド指定（13品目）
聖護院だいこん　聖護院かぶ　みず菜（京みずな）　壬生菜（京壬生菜）　九条ねぎ　賀茂なす　京山科なす　伏見とうがらし　鹿ヶ谷かぼちゃ　えびいも　堀川ごぼう　くわい　京たけこの

京の伝統野菜に準じるもの3品目

（1品目）
鷹ヶ峯とうがらし

ブランド指定（2品目）
万願寺とうがらし　花菜

伝統野菜以外のブランド指定（10品目）
京こかぶ　金時にんじん　やまのいも　京夏ずきん　紫ずきん　丹波くり　京たんご梨　黒大豆　小豆　祝（酒米）

水産物のブランド指定（2品目）
丹後とり貝　丹後ぐじ

京のブランド産品24品目

【京の伝統野菜の定義】
（昭和63年3月京都府農林水産部）
(1)明治以前に導入されたもの
(2)京都府内全域が対象
(3)たけのこを含む
(4)キノコ、シダを除く
(5)栽培または保存されているもの及び絶滅した品種も含む

【京のブランド産品】
安心・安全と環境に配慮した「京都こだわり生産認証システム」により京都府農林水産部の中から品質・企画・生産地を厳選したもの。（公社）京のふるさと産品協会が認証している。

注：さいさい京野菜倶楽部（京都府農林水産部　監修）を元に加工作成

伝統野菜を守る研究班」を立ち上げ、活動の幅を広げることにした。

京野菜の現状と定義

京都は、三山三川の地形や盆地特有の気候などがうまく調和し、農家の創意工夫と先祖伝来の技術、精進料理やおばんざいなどの食文化によって、気候風土に見合った特異な形や優れた品質を持つ数多くの野菜が生み出され、京野菜として育ってきた。

しかし、種苗会社の交雑育種の成果により新たな品種が出現し、量と規格が重視され、消費動向等の変化により徐々に衰退し、絶滅の恐れのある品目もある。また、現在販売されている京野菜の種子のほとんどが広大な土地と労働費のあまりかからない海外で採種されている。

京野菜は各方面で様々な定義があり、京都府で栽培された野菜はすべて京野菜という人もいる。公的には京都府が「京の伝統野菜」として認定した42品目（準じる野菜も含む）と、流通団体などが認定した京のブランド野菜22品目（2013年4月現在）が主流となっている。

　また、京都市は1962年より「京の伝統野菜保存圃場」を設置し、18種類の品種保存を農家に委託している。

京野菜シードバンクとしての取り組み

　京野菜の種子は固定種であり、農家が良種選抜を何代も繰り返し、各農家の伝統として先祖代々伝えてきた。門外不出が基本である。研究班の生徒は、京都府や京都市の行政・研究機関の協力も得て、京の伝統野菜の種子を保存している農家を一軒ずつ取材し、協力を得ることにした。

　ところが、多くの農家は交渉以前に取材さえさせてもらえないことが多く、運良く話を聞かせてもらうことができても種の譲渡までは難しいと、最初はなかなか思うように活動が進まない時期が続いた。

　それでも生徒の粘り強い交渉と研究班の継続した活動が認められ、樋口昌孝氏（北区）より「鹿ヶ谷《ししがたに》かぼちゃ」「鷹峯とうがらし」「辛味だいこん」、林光男氏（山科区）より「山科なす」、荒木稔氏（左京区）より「もぎなす」「青味だいこん」、大八木弘次氏（西京区）より「桂うり」などをいただき、現在11種類の固定種の栽培・採取・保存を行っている。

京野菜の栄養価と機能性の分析・検証

　京野菜は、ビタミン、ミネラル、植物繊維などの栄養成分が、一般の改良品種の標準値を大きく上回っていることが知られている。また現在流通している野菜から失われた独特の味や風味には、抗酸化作用や生物的抗変異作用などの野菜本来が持つ機能性成分が残されていることが最近の研究で分かってきた。

　そこで、京野菜の機能性研究をされている京都府立大学生命環境学部食保健学科・中村考志准教授や京都府農林水産技術センターの協力を得て、機能性について情報提供いただくとともに、分析や検証も共同で行っている。

「賀茂なす」や「九条ねぎ」など、需要がある程度確保できている京野菜は一部であり、多くの品目で需要が激減している。今後は、この機能性を多くの消費者に知ってもらうことで需要を掘り起こし、「貴重だから種を残す」ではなく、「必要だから種を残す」とならなければ、農家が栽培を続けることは難しい。

次に機能性を活かした需要拡大の具体的な取り組みについて紹介する。

「桂うり」の機能性を活かした加工品の開発

「桂うり」栽培の歴史

１６２０年、ウリを見るために「八条宮智仁」よって建立された桂離宮は、「瓜畑のかろき茶屋」とも呼ばれている。その以前からウリの名産地として、特に品質の良い大型のウリを選んで栽培されていたのが「桂うり」である。果皮は薄く、果肉は緻密で弾力性に富み、芳香とほのかな甘みがあり、形が崩れにくく、漬物には最適な品種とされていた。

戦前は京都市地域で30ha以上の栽培があったが、戦争が始まってからは腹持ちの良いでんぷん作物の栽培を促進させ、「桂うり」の栽培の植え付けが中止となり、時の流れにつれ栽培農家は減少。２００５年の京都市の調査では、栽培農家が１軒だけと絶滅の危機に瀕しており、幻の京野菜と言われている。

「桂うり」と「きゅうり断ち」

祇園祭は、１１００年の伝統を有する八坂神社の祭礼である。この期間、キュウリを食べない「きゅうり断ち」という風習がある。八坂神社の紋章がキュウリの切り口に似ているということで「おそれおおい」と食べられなかった。そこで代わりとして食べられていたのが「桂うり」である。

この風習は八坂神社から始まった風習ではなく、町の民衆から始まった風習で、昔は親から子へと言い伝えられてきたといわれている。しかし、この風習を知る人はほとんどいないのが現状である。

「桂うり」普及への課題

「桂うり」は、漬物以外にも煮物などとして楽しまれていたが、長さ50㎝以上、重さ3㎏以上と大きく重いことから、流通には不向きである。また、野菜の需要がサラダなどの生で食べられるものが主流となり、現在の食文化には不向きと思われる。

かつて地域で「桂うり」を栽培していた農家に話を聞いたところ、「あんな大きくて重い桂うりを栽培しても売れへんやろ」という意見が多数あった。このままでは絶滅の危機さえ考えられる。「桂うり」の新たな需要を見出すことが必要である。

需要拡大に向け機能性に注目した商品開発

「桂うり」の新たな活用法として、「桂うり」の機能性に注目した。

これまで桂うりは、青い果実を漬物や煮物にして活用していたが、この利用法では今後の普及は難しい。そこで完熟した「桂うり」がメロンのような甘みの強い香りを発することに注目した。この香気成分は京都府立大学の中村准教授が研究されており、発がん抑制作用や抗酸化作用が期待できる成分であるということがわかった。また、「桂うり」はメロンに比べてカロリーが40％程度低い特長を教えていただいた。

そこで、「桂うり」の完熟果の香りと食感・低カロリーを活かした加工品を販売することを目指し、生徒たちが地元の加工業者に企画を持って訪問することにした。

高校生が持ち込む企画のため、初めは興味を持って聞いていただけることがあったが、なかなか採用していただける業者は見つからなかった。しかし、生徒が何度も訪問し粘り強く交渉した結果、老舗《しにせ》和菓子屋や京野菜スイーツ専門店、イタリア料理店などにスイーツの材料として採用していただくことができた。現在は糖尿病患者でも食べられる「桂うり」スイーツの販売を目指して、地元企業と共同研究を行っている。

生徒の地道な努力による地域への広がり

研究班の種子保存や普及に関する活動が評価され、「京野菜の健康ポジティブイメージ構築によるブランド力向上戦略」と題した研究会に参加している。参加メンバーは、京都府農林水産技術センター、京都府立大学、京都府研究普及ブランド課・農産課、中小企業技術センター、京のふるさと産品協会などである。この研究会は「健康京野菜」の生産拡大に資することを目的としており、官学民連携の活動に発展している。

現在、「桂うり」の種子は桂地域で栽培を希望する農家にだけ配布可能である。しかしながら、栽培にチャレンジする農家の方がほとんどいないのが現状である。

研究班の生徒は、「桂うり」の栽培に興味がある農家がいるとの情報があれば、資料を持参して訪問するなどしており、2012年まで「桂うり」の栽培農家は1軒であったが、2013年より新たに3軒の農家が栽培を始めている。また、新たに栽培される農家には、本校の生徒が育てた苗を供給して支援している。

生徒が栽培、収穫した桂うり（祇園祭で）

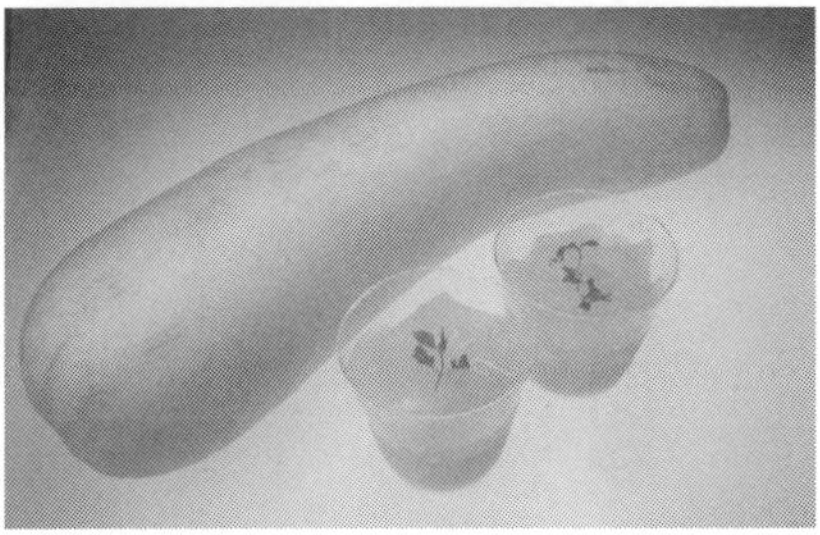
桂うりのジュレとムース。桂うりの機能性スイーツの開発に取り組む

桂徳小学校との小高連携

地域の伝統野菜を後世に伝えるため、2012年度より京都市立桂徳小学校の4年生を対象に「総合的な学習の時間」を使って「桂うり」の栽培指導を行っている。

研究班が育てた苗を持参し、畑の準備から定植までを指導している。栽培指導は本校の生徒が小学校で説明を行ったり、インターネットテレビ会議システムを利用しながら質問に答えたりして収穫までをサポートしている。

大手コンビニとのコラボで京野菜スイーツの商品開発

地元の小学校で桂うりの植えつけを指導

ファミリーマートと共同開発をした金時にんじんレアチーズケーキ

京野菜スイーツ商品開発の実績がある研究班の活動を知った大手コンビニチェーン、ファミリーマートから「京都府との地域活性化包括協定記念として何か商品を考えてくれないか」という依頼がきた。条件は、京野菜を使ったスイーツである。

販売時期に材料として確保できる京野菜を検討し、その材料から考えられるケーキやクッキーなど、約40作品を提案した。その後、研究班の案をもとに試作品を製作していただき、何度か意見交換した結果、「金時にんじん」のスイーツを作ることになった。

「金時にんじん」は「京にんじん」とも呼ばれ、古くから京の食文化には欠かせない食材である。1686年（貞享3年）に書かれた風土記『雍州《ようしゅう》府志《ふし》』には、かつて京都九条周辺で多く栽培され、その後全国に広まったと明記されている。

しかし現在では流通している多くが香川県産で、全体の8割を占めている。京のブランド野菜である「金時にんじん」をアピールし、地産地消につなげたいと考えた。

「金時にんじん」の味や風味を活かしたケーキを目

標とし、「ソースだけではなく、スポンジ部分にも金時にんじんを使用してほしい」と具体的に提案して、ようやく双方が納得できる「金時にんじんレアチーズケーキ」が完成した。

材料の「金時にんじん」は、地元で栽培されたものを使用していただくように提案し、すべて京都府で栽培されたものを使用した。パッケージも自分たちで考案し、本校や研究班の名前が入ったラベルが完成した。

「金時にんじんレアチーズケーキ」は、２０１２年4月26日から近畿2府4県約１４００店舗での販売が決定し、販売当日には地元の店舗で商品発表会を開催した。この日から約4週間、関西全域で販売され、京野菜としての「金時にんじん」をアピールすることができた。

ファミリーマートからは、「他のデザートと違い、40代以上の男性への販売が多く、病院内や病院の近隣店でも比較的売上が高いことから、健康を意識する方からの需要が高いことがわかりました。共同プロジェクトのおかげで、フォーカスターゲット向きの商品を開発する上で大きなヒントを得ることができました。今後も一緒に開発を進めていきましょう」と言っていただくことができ、生徒たちの大きな自信となった。

京野菜を普及するための食育教育と情報発信

子供に対する食育教育活動

これからの京都を担う子供たちに、京の伝統野菜に触れ、歴史や食文化を知る機会になればと、京都市内の幼稚園で京野菜に関わるイベントを主催している。

旬の京野菜を展示するとともに、子供たちに楽しみながら学んでもらえ

地元の幼稚園で食育活動を繰り広げる

ればと劇やクイズを行った。子供たちは興味津々で、大はしゃぎしながら実際に触ったり、においを嗅いでみたりしていた。京野菜を使った加工品の試食会も行い、子供たちの意見を聞くことで今後の商品開発の参考としている。

保護者からも「子供にもわかりやすく、楽しく京野菜について勉強することができた」との評価をいただいている。

また、幼稚園だけでなく地元小学校や神奈川県の中学生に対しても食育教育を行っている。

全国高校生ごはんDE笑顔プロジェクト全国選抜大会（2011年）に参加し、優勝

コンテスト参加も情報発信の機会

京の伝統野菜に関する研究班の活動を多くの方に知ってもらうため、コンテストへ積極的に参加している。２０１３年の第34回日本学校農業クラブ全国大会首都圏大会では、「京の伝統野菜を未来へ繋げたい～桂うりを活用した地域交流と普及活動について～」のプロジェクト発表が優秀賞を受賞している。

取り組んだ内容を発表し、一定の評価をしていただくことは、生徒の活動に対するモチベーションを高めることにつながる。また、結果によってはマスコミに取り上げていただける機会もあり、情報発信の効果もある。

マスコミで紹介されることでの波及効果

研究班の活動を継続することで、テレビ・新聞などに取り上げられる機会が増え、多くの関係者から様々な意見をいただけるようになった。特に２０１２年12月にＮＨＫで放映された『嵐の明日に架ける旅～希望の種を探しに行こう～日本の食文化を豊かにする旅』の反響は大きく、「桂うり」の栽培を希望する農家からの問い合わせや商品化を希望する企業からの問い合わせもいくつかあった。

生徒たちの活動が、絶滅の危機にあった京の伝統野菜を救う一助になったと考える。

高校生だから できることがある

研究班の生徒が栽培、収穫した鹿ヶ谷かぼちゃ

研究班と地元京野菜スイーツ店とのおしゃれなコラボ商品

生徒たちとの活動を通じて、京の伝統野菜に関わる農家や流通業者、加工業者、行政・研究機関の方と話をさせていただくことができた。みなさんに共通していることは、「京野菜の現状を何とかしたい」という想いである。

しかし、それぞれの立場や手法の違いで、なかなか一緒に取り組むことができない事情もある。また、生活がかかっているので、売れるかどうかわからない京野菜の栽培や加工・販売に取り組むことが難しい。だからこそ、「高校生だからできることがある」と考える。高校生は、大人の「しがらみ」がなく、多少の失敗は授業の一環と考えればよい。成功の道筋さえつけることができれば、あとは農家に還元すればよいのである。

生徒たちは、京野菜に関わる多くの方の話を聞いて、純粋に京野菜を守りたいという思いを持つようになった。京都の宝である、ほんまもんの伝統野菜の種と農家の思いをこれからも生徒とともに守り続けたい。

ネイティブアメリカンの暮らしにヒントを得た伝統野菜復活と「家族野菜」というコンセプト

三浦　雅之（清澄の村）

新婚旅行がきっかけで

奈良市高樋町は、万葉の歌人たちに「清澄《きよすみ》の里」と詠われていた場所。私たち夫婦は、この地に拠点を置き、1998年より奈良県の伝統野菜である大和伝統野菜の調査研究を行ってきた。

大和野菜を中心に、国内外の在来種を年間約100種類以上栽培・保存。周囲の農家と協働で自家採種を続けながら「清澄の里 粟」というレストランを営んでいる。

さて1995年、総合病院の看護師として働いていた陽子と、福祉関係の研究機関で働いていた私は、理想の医療と福祉の方法論を求め、新婚旅行に出かけた。

そこで訪れたネイティブアメリカン（アメリカ先住民）の村で見た彼らの暮らしは、まるで目からウロコが落ちるような衝撃的な光景だった。

お年寄りは、村の知恵袋として尊敬を集めながら

大和の伝統野菜を掘り起こす三浦さん夫妻

生涯現役で働き、その周りには笑顔で遊び回る子どもたち。彼らの暮らしの中には、日本のような「要介護者」となった高齢者の生きがい喪失や、学校におけるいじめがない。そこには、日本が知らず知らずの間に置き忘れた、大切な何かがあるのではないだろうか——。それが私たち夫婦の大きな転機となった。

ネイティブアメリカンのコミュニティの中心にあったのは、トウモロコシだった。四季折々、協働で畑を耕し、作物を育て、共に料理して味わい、種を採り、また育てる……。そんな食文化の伝承が脈々と続いており、それが、コミュニティの横軸と世代の縦軸をつなぐ役割を果たしていることに気づいた。

初めて見たのに懐かしい

「日本における、彼らのトウモロコシは、何だろう?」

帰国後、そんな疑問が発端となり、伝統野菜とその種を探し始めた。京都の北部、奈良の吉野、熊本の阿蘇の産山《うぶやま》村、宮崎と大分の県境の高千穂地方……。お金のためではなく、家族や身内の者に食べさせたい。そんな思いが種をつなぎ、伝統野菜が残っている地域を訪ね歩いた。

私も陽子も実家に家庭菜園がある環境で育ったので、野菜には慣れ親しんでいたつもりでいた。ところが、伝統野菜を探し始めると、これまで見たことのない野菜にたくさんめぐりあう。色も形も風味も、非常にユニーク。そして見ていて楽しい。「初めて見たのに、懐かしい。そしてなぜかホッとする」。そんな感覚、その魅力に、どんどん引き込まれていった。

そして、こうした野菜たちを通してさまざまな伝統野菜の継承者の方々にお会いする中で、その表情や価値観、人間的な魅力にますます引き込まれていった。

1995年、二人で仕事を辞め、三重と奈良の県境にある「赤目自然農塾」で野菜づくりを学びながら、開墾を始めた。選んだ場所は、奈良市郊外の高樋町の小高い丘の荒れ地。また、それと同時に、奈良県内で伝統野菜を作り続けている方を訪ね歩き、調査研究も進めた。

3組の師匠との出会い

私たちが移り住んだ奈良市の高樋町は、1995年に奈良市と合併した旧五ケ谷《ごかだに》村にあたり、大和高原と大和盆地の境界を結ぶ奈良市精華地区に位置している。私たちはこの地区で、野菜づくりと人生の「師匠」と仰ぐ人たちとめぐりあった。

最初に出会ったのは、私たちのすぐお隣に住んでいる鳥山悦男さん。粘りの強いサトイモの「烏播《ウーハン》」や、「大和まな」、在来のエンドウマメなどを作られていて、私たち夫婦は、これらの野菜の作り方と同時に、コメ作りも教わった。

続いて出会ったのが、乾一男さん、純子さんご夫妻。純子さんは鳥山悦男さんのお姉さんでもある。かつて種苗会社の依頼で採種の仕事をしていたこともある方で、専門的な知識も身につけて、事細かに記録をつけて野菜と向き合ってこられた。私たちの種採りの師匠でもある。

最初はぜんぜん見分けがつかなかった私たちも、純子さんに教わるうちに、種を選べるようになってきた。また乾夫妻から、「唐の芋」「どいつ豆」「大和三尺きゅうり」の育て方、そしてかき餅や干し芋茎などの作り方も教わった。

少し遅れておつきあいが始まった青木正さんには、サトイモの一種「八ツ頭」「大和芋」「仏掌芋」タカナ、ウド、そして「粟」の栽培方法を教わった。

当時、みなさんは定年退職後の60代。代々受け継

乾夫妻のご子息の和彦さん。頼れる先輩の一人である

サトイモの一種である烏播の栽培地。烏播は粘りけが強く、かつては奈良県の推奨品種

いだ田畑で自給用の野菜を栽培されていた。そんな中で、快く私たちに育て方や食べ方を教えてくださったのだ。

私たちの畑に、ひとつひとつ地元の人たちが大切に受け継いできた作物たちが増えていく。開墾を始めてから3年たった頃、いつしか、「伝統野菜の料理をお出しして、その魅力や物語を伝えたい」と、レストランの開業を思い立つ。こうして２００２年1月、「清澄の里　粟」をオープンした。

白いアワ「むこだまし」の復活

在来作物の調査を続ける中で、文献等で「むこだまし」というアワの存在は知っていた。通常、アワは脱穀すると黄色になるが、このアワは白く、餅を搗くと「お婿さんが、コメと見間違うほど白い」ことから、「むこだまし」と呼ばれたという。私たち夫婦も、行政の窓口などに問い合わせていたのだが、その種を見つけ出せずにいた。

ところが、レストランの開業を間近に控えた2001年の年末に「人生の楽園」というテレビ番組に出演することになり、その制作過程で、山間部の十津川村に「むこだまし」を作っていたおばあさんがいることがわかった。早速会いに行ったのだが、90歳を越えるご高齢で、もう種はないという。半ばあきらめかけたとき、「一軒だけ、古い種を持っているおばあちゃんがいる」との報せ。雪も降り出して、その日のうちに帰らなければならない。ギリギリのタイミングで会いに行った。

白いアワむこだましの種を譲り受け、栽培。発芽率がよく、完熟した種を収穫して乾燥

訪ねたのは、当時70代のおばあさん。ちょうどおかきが入っているような、四角い缶いっぱいに、「むこだまし」の種が入っていた。最後に種を採ったのは20年ほど前だという。「もしこの倍くらい残っていたら、餅を搗いて食べていた。もしこれより少なかったら、鳥のエサにしていた」。どっちつかずの中途半端な量だったので、捨てるに捨てられず残していたという。まるで奇跡のようなめぐりあわせだった。この種は、3分の1を十津川村、3分の1を奈良県、そしてもう3分の1を私たち夫婦が譲り受けることになった。

持ち帰った種を、二人のおばあさんに教わった通りに蒔いてみると、意外に発芽率は良く、しっかり出てくれた。ひと粒から約1万粒の種が採れる。こうして「むこだまし」は、復活を遂げた。

魅力的な大和の野菜たち

こうして大和の伝統野菜や在来作物との出会いを

重ねる中で、私たちは、２００９年に奈良県農林部マーケティング課の依頼で、「大和伝統野菜調査報告書」をまとめる機会を得た。

　奈良県では２００５年から「大和野菜」を認定し、ブランド化を推進。私はその認定委員も務めている。現在「大和野菜」として認定されている伝統野菜は、「大和まな」「千筋みずな」「宇陀金ごぼう」「ひもとうがらし」「軟白ずいき」「大和いも」「祝だいこん」「結崎ネブカ」「小しょうが」「花みょうが」「大和きくな」「紫とうがらし」「黄金まくわ」「片平あかね」「大和三尺きゅうり」「大和丸なす」「下北春まな」「筒井れんこん」の18種を数える。

枝いっぱいに細長い果実を実らせるひもとうがらし

　「大和野菜」には、「一定規模の産地化と安定した供給が見込まれるもの」という認定基準があり、それぞれに特産化、生産拡大の取り組みも行われているが、奈良県内にはそれとは別に、一般消費者にはその名を知られることもなく、ひっそりと作り続けられてきた伝統的な野菜も多数存在している。昔から、「京都の野菜は売る野菜、大和の野菜は自ら作って自ら食べる野菜」といわれるように、農家が自給用の畑に家族のためにひっそりと伝承してきた野菜がある。私は、この報告書の中で「大和野菜」の他に、県内で受け継がれてきた16品目も取り上げているが、その中からいくつか紹介したい。

大和野菜

・ひもとうがらし（主な産地／奈良市、天理市、大和郡山市、橿原《かしはら》市他）

　細く長い形状が特徴。その容姿から「みずひきとうがらし」とも呼ばれる。聞き取り調査では１００

年以上も前から、農家の自給用野菜として奈良盆地、もしくは中山間地域で栽培が行われている。非常に多収で、夏から秋にかけ、枝いっぱいに細長い果実を実らせる。

・紫とうがらし（主な産地／天理市、桜井市、橿原市他）

最大の特徴は、ナスを思わせるような紫色。アントシアニンを多く含むためで、トウガラシ類の中では珍しい。ひもとうがらし同様、１００年以上も前から、農家の自給用野菜として奈良盆地、もしくは中山間地域で栽培されてきた。

アントシアニンを多く含む紫とうがらし

丸い形状の大和丸なす。肉質がしまって煮崩れしにくく、焼いても炊いても美味

・大和丸なす（主な産地／奈良市、大和郡山市、斑鳩町《いかるがちょう》）

美しい艶のある紫黒皮に丸い形状、そしてヘタに太いトゲがあるのが特徴。肉質はよくしまり煮崩れしにくく、焼いても炊いてもしっかりとした食感がある。奈良県内や京阪神の量販店、首都圏にも出荷。販売額の大きい大和野菜のひとつ。

・大和三尺きゅうり（主な産地／大和郡山市、奈良市）

一般的なキュウリに比べ長いことはたしかだが、三尺＝90㎝になることはなく40㎝前後。明治期に狭《さ》川《がわ》村へ導入された「台湾毛馬」と「白皮三尺」という品種が、大柳生《おおやぎゅう》村で「北京」という品種と交雑して生まれたとされる。ポリポリとした歯切れの良い食感と、柔らかい皮が特徴。その雌花は「花きゅうり」としても出荷され、昭和初期から昭和40年代前半まで、大和高原一帯で栽培されていたが、病害虫への抵抗性が弱く、徐々に姿を消した。近年、奈良漬けの加工原料として復活。

大和三尺きゅうり。皮はやわらかく、果肉は歯切れのよい食感

その他の伝統野菜

・どいつ豆（主な産地／天理市、奈良市、生駒市）

インゲンマメの一種で、若莢を食用とする。なぜこの名がついたかは不明。「この美しい豆を作ったのはどいつ？」が由来との説も。奈良盆地の農村部で「美味しくて作りやすいから」と作り継がれてきた。インゲンマメの中では独特のクセのない風味があり、自給用品種の中でも人気が高い。

・烏播《ウーハン》（主な産地／奈良市、天理市、桜井市、明日香村など）

サトイモの一種で、もともと台湾から導入された。かつては奈良県の奨励品種で、半世紀以上前には、宇陀や吉野の山間地を中心に広く作付けされていた。卵形の楕円形で黒い茎の色が特徴。親イモ、子イモとも食用となり、特に子イモにはムチンという粘り成分が多く含まれている。

地域創造をめざすための粟プロジェクト

私たちが伝統野菜の種を探し始めたころから志している、「伝統野菜でコミュニティの再生と、地域創造」をめざす取り組みは、現在以下の三つの組織が協働して進行中。「プロジェクト粟」と総称している。

ＮＰＯ法人清澄の村

２００４年９月、まちづくりに関心を持つ、市民、農家、事業経営者、料理人、アーティスト、研究者や学生等の有志により結成。「大事な地域の宝物である伝統野菜を守り、保存していきます」という設立趣意書に賛同する人が、メンバーである。

伝統野菜の調査研究、ホームページによる情報発信、芸術活動、コミュニティのもつ文化継承などを実践。各自種採りをしているメンバーも多い。

五ケ谷営農協議会

旧五ケ谷村＝奈良市精華地区で、営農活動を行っている集落営農組織。地元の農家12軒、20名が参加している。

もともと各自で自給用の伝統作物を栽培している農家が多く、私たちのレストランには有料で野菜を提供している。設立当初50代だった人たちが定年を迎え、本格的に栽培に乗り出すケースが多く見られる。

株式会社　粟

２００８年10月、「清澄の里　粟」を法人化。かけがえのない文化遺産である大和伝統野菜を中心とした６次産業化による事業展開を行い、集落機能の再構築とソーシャル・キャピタル（社会的ネットワーク）の向上、そして地域の発展に貢献する社会的企業として設立した。

農産物の生産はもとより、農家レストラン、市街地のアンテナショップ「粟ならまち店」の運営、そして加工品の開発など、伝統野菜を活用した事業を展開している。

ＮＰＯ法人清澄の村は、文化継承や地域資源の調査研究などの公益活動を、五ケ谷営農協議会は、集落営農の維持を目的とした営農を、そして株式会社粟は産業の創出を受け持っている。

たとえば、「むこだまし」を使った「粟生《あわなり》」という和菓子がある。原料の生産と加工を五ケ谷営農協議会、販売を「粟」が担当。これまでは１日10箱が限界で、予約販売のみだったが、これから「むこだまし」を増産し、新たな奈良の手土産として広めていく予定だ。

「家族野菜」を未来へ

伝統野菜には、ブランド野菜として増産できるものもあれば、プロの農家が作るには、手間隙がかかりすぎて、経営的に合わないものもある。

たとえば大和野菜の「ひもとうがらし」や「紫とうがらし」は、自給用に作ったり、ちょっと余分に作ってレストランに出すには適しているが、プロの農家が栽培するには不向き。それよりも一つの実が大きくて、収穫の手間も省ける「万願寺とうがらし」を選ぶことになる。

増産に不向きな伝統野菜は、家庭菜園の延長で作り続ければよいわけで、経済性はなくても、継承していく価値のある作物なのだ。そこで私たちはこれから「家族野菜」というコンセプトを提唱していきたいと考えている。

「売るためではなく、自分が好きだから、家族に食べさせたい、誰かにあげると喜ばれる」。この三つの要素を持った野菜を育て、その種を受け継いでいく。今後はこれらの野菜の種の販売や、それぞれの作物が持つ物語の発信も行っていきたい。

そしてこれらの作物が仲立ちとなり、人々がつながりを取り戻し、新たなコミュニティの創造に貢献していくことを願っている。

畑は家族野菜のコンセプトを実現する舞台

在来ヤギの保存も活動の一つ

伝統的な遺伝資源を保存・発展させ「食べる」楽しみを次代に伝えたい

小林　保（ひょうごの在来種保存会）

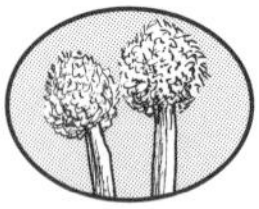

貴重な在来作物の消滅を憂い保存会が発足

2003年6月、有機農業に必要な種子の自家採種を行っていた元兵庫県有機農業研究会副会長の山根成人《しげひと》さん（現、ひょうごの在来種保存会代表）が、兵庫県の貴重な在来作物が消えゆくことを憂い、保田茂・神戸大学名誉教授の協力のもと、在来種の保存について県知事に進言した。県知事からも、種子を保存するための組織の設立の提案があり、これに応えて兵庫県行政、普及、試験研究機関等と種子保存の活動を開始した。

兵庫県では過去に、兵庫県農会や試験研究機関による在来作物に関する記述が残されており（『兵庫県の園芸』1912年・兵庫県農会編、『兵庫の園芸』1951年・兵庫県農業試験場編）、個別の数品目（丹波ヤマノイモ、丹波黒大豆、丹波大納言小豆、武庫一寸ソラマメ等）については、試験研究機関を中心に在来種の系統選抜が実施されていた。

また、これらの既知の知見をもとに、2002年からF1でない固定種を定義として、伝統野菜の基本調査も実施中であった。さらに、行政機関においても伝統野菜の生産振興を図るため、事業予算化して地方機関に対する調査を行い、伝統野菜のリストアップを行いつつあった。

　これらの動向を踏まえ、2003年7月、県農産園芸課野菜係を事務局として「伝統野菜等の種子保存検討懇話会」が発足し、3回の検討会の後、2003年9月3日、在来種の種採り人を発掘調査し、登録してネットワーク化する組織として、6人の世話人からなる「ひょうごの在来種保存会」が発足した。

兵庫の食を兵庫の種でまかなうがテーマ

ひょうごの在来種保存会の目的は、地域の在来作物を収集し、種子を保存することだけではない。本会は在来作物の種子を採り続け、次世代に引き継ぐことを目的としており、採種という地道な作業を継続している人を応援するのが主たる活動である。これにより、地域の豊かな食文化を創出し、食の自立を促進したいと考えている。このため、種を採り続ける人を「種採り人」と名付け、県下に幅広く募集している。

　食文化の基本は食料の自給であり、自給の原点は種であることを強く意識し、22世紀の子孫のために足もとから生活を見直し、「兵庫の食を兵庫の種でまかなう」というテーマを掲げて、種採りを訴えている。

　このためには、すでに広く知られている在来作物だけでなく、自分だけ、仲間だけ、その地域だけで昔ながらに採り続けられている「名もない愛すべき在来種、地域固定種」を発掘し、名前をつけて保存登録し、できるだけ多くの人に作ってもらう活動を推進している。

　また、新たに導入した自分だけの種の中から、さらに優れたものを見出して、次代の在来種を作り出していくという「保存と創造」の両面から産地育成することにも夢を抱いている。

さらには、在来種を活かして我が家や地域で食べ続けられてきた人気のある料理にも着目し、食べ方についても収集して保存することも文化的な面から活動の目的としており、自慢の種を持ち寄り、試食会等を開いて活動の輪を広げることも会の大きな目的である。

多様な立場の会員が増え ８００名余り参加

ボランタリーな活動で運営

本会は、緩やかな自主的活動を中心にした任意団体である。したがって、理事、運営委員などの構成員は存在しない。代表世話人を置くが、構成員は会員であり、日常的な運営は地域ごとの世話人のボランタリーな活動によって支えられている。

事務所は姫路市立町34の山根代表世話人宅に置いており、現段階では便宜上、県下を但馬《たじま》、丹波、摂津・三田《さんだ》、神戸・淡路、播磨の5地区に分けている。活動の拠点を姫路に置いていることもあって、播磨地区の会員が極めて多くなっている。

一方、既存野菜の単一品目の大産地である淡路地区は在来種が少なく会員数も限られるため、神戸地区と併合している。また、有機農業関係者とのつながりが強いため、応援会員としての県外会員もかなりの数にのぼり、在来作物をめぐる全国的なネットワークづくりに参画している。

本会は会費を徴収しておらず、運営費は会員からのカンパ、講演活動の謝金、主催した各種イベントの残余金等によってまかなっている。

会員は年々増加して、県外の１５０名弱の会員を含め、現在８００人を超えている。会員には在来種の種を維持している生産者はもとより、これを支援する生産者、消費者、研究者、料理人、関係団体職員等さまざまなメンバーが参加している。

本会の会員は生産者団体としての組織的参加はなく、個人参加を基本としている。無駄な通信経費を使わないために、入会後あまり興味の湧かない会員もおられるので時々意向を聴いている。

イベントや見学会を開催

発足当初、会則として「ひょうごの在来種保存会規約」を作成したが、これにこだわらず、本来の目的に沿って「無所有」「無報酬」を原則とした活動を行っている。長い歴史の中で育まれた文化、環境などを破壊したことを反省し、次代に伝える種を見出し、見返りのないただ働きを基本理念として共有している。

会が発足してからの主催行事は、次頁の表のとおりである。

イベントの目的は、主として県外から講師を招聘して、情報交換することにある。主に近隣の府県から、日頃本会と交流を深めている方々から活動状況をお聴きして、学んでいる。

また、見学会は主として県外の生産現場との交流を目的としており、大阪、京都、奈良、三重などの在来作物（伝統野菜）生産者を訪問している。また、個人活動ではあるが、県外の産地見学も適宜実施しており、会員個人もそれぞれさまざまな見学研修を行っている。

講師を招き、情報交換したりしている

北村わさび園の見学会（2009年）を開催

生産者に呼びかけて在来品種を復活

保存会は、地域の会員が創意工夫して活動しており、会組織が全体を掌握しているわけではない。在来種の生産者自らが地域ごとに地元の団体等と連携しながら、産地化を進めるとともに、文化的な行事も行っており、保存会はあくまで地域支援の応援団というスタンスである。

しかし、ときには消えゆく地域の伝統野菜を守る

ひょうごの在来種保存会の実施したイベント事業

年	イベントの名称	開催場所	講演者、訪問地「目的とする作物」等
2005	「たねとりくらぶ」の集い	神戸市	木俣美樹男（東京学芸大学）、船越建明（広島県農業ジーンバンク）他
2007	伝統野菜と共に過ごす(1)	姫路市	県内生産者及び辻本一好（神戸新聞社）
	伝統野菜と共に過ごす(2)	神戸市	県内生産者及び中尾卓英（毎日新聞社）
	現地見学会	姫路市	岡本農園「えび芋」、原田農園「レンコン」、山陽種苗、牛尾農園、花岡農園、香寺ハーブガーデン
2008	現地見学会	篠山市	山本農園「黒大豆」、西羅農園「丹波ヤマノイモ」、柳田農園「春日大納言」、松本農園「住山ゴボウ」
2009	「なにわの伝統野菜に学ぶ」	姫路市	森下正博（なにわの伝統野菜応援団）、中村重男（創作料理「ながほり」）、住本佳英（セレクト）
	県外見学会	大阪府	富田林市「えび芋」、道の駅「かなん」、北野農園「水ナス」
	現地見学会	但馬地域	赤花そばの郷、北村わさび園、あーす農場、八代茶園、田中農園「岩津ネギ」
2010	「京都の伝統野菜に学ぶ」	姫路市	石割照久（京都伝統野菜研究会）、岡田　仁（㈱安全農産供給センター）、木下穂支子（使い捨て時代を考える会）
	県外見学会	京都市	樋口農園「鷹峯トウガラシ」、大野農園「賀茂ナス」、大谷農園「堀川ゴボウ」、石割農園「九条ネギ」他
	「根っこ(種)からの人生創出」	姫路市	三浦雅之（清澄の里「粟」）、塩見直樹（半農半X主宰）
2011	地域研究会	但馬地域	北村わさび園、山根成人（ひょうごの在来種保存会）
	県外見学会	広島県	船越建明（広島県農業ジーンバンク）
	県外見学会	奈良市	清澄の里「粟」
	県外見学会	三重県	多気「伊勢芋」、「相可菜」、松阪「赤菜」、梅崎輝尚（三重大学）
2012	“種”からの有機、自然農の実践	姫路市	西村和雄（元京都大学）他
	地域研究会	但馬地域	御崎「平家かぶら」「サンショ」、江頭宏昌（山形在来作物研究会）
	地域研究会	篠山市	田中農園「丹波ヤマノイモ」、梅崎輝尚（三重大学）
2013	「自家採種を学ぶ」	姫路市	船越建明（広島県の農業ジーンバンク）、岩崎政利（種の自然農園）
	山形在来作物研究会に学ぶ	姫路市	「よみがえりのレシピ」上映、江頭宏昌（山形在来作物研究会）

注：他団体との共催を含む

ため、保存会自らが地域の生産者に呼びかけて復活を図る場合もある。

例えば姫路地区では、かつて兼田地域で「えび芋」として東京方面まで出荷されていた「唐芋」と呼ばれる品種が衰退して絶滅しかけていた。そのため、生産者の自給菜園にわずかに残っていた種イモをもとに、「えび芋保存会」を立ち上げ、復活させた。地域の住民も巻き込んでオーナー制による保存活動に取り組んでおり、毎年収穫の喜びを分かち合う収穫祭を行って志気を高めている。この会の運営には保存会の地域会員が積極的に関わり、絶滅という事態を避けることができ、行政機関からも高く評価され、産地化の方向で推進されている。

三ツ鍬でえび芋を掘り取る（兵庫県姫路市）

種イモとなるえび芋。オーナー制による保存活動や収穫祭を行ったりしている

この成功事例をヒントにして、但馬地域でも「小野芋」と称される在来品種の「えび芋」のオーナー制による復活作業が保存会の会員により行われており、地域の在来種復活の核としての位置づけとなっている。

ほかにも、絶滅したといわれた西宮市の有名なナス品種「大市《おいち》茄子」を研究機関と協力して種を探し出し、ＪＡ兵庫六甲の協力で直売所での販売活動まで展開したものもある。このように、保存会が積極的に関わって復活した品目もあるが、現状としては小さな動きにとどまっている。

最近では、丹波地域の特産物である「丹波ヤマノイモ」の衰退が著しいため、保存会の県外会員の協力で大阪から料理人を集め、有名シェフの調理で食べるイベントを企画した。このイベントはプロの料理人に対して丹波ヤマノイモをＰＲする新しい試みであった。

無名の在来種の発掘・支援が活動の神髄

「ハリマ王」の登場

一方、地域で種を採り続けていた名もない品目に、名前をつけて世に出す作業も行っている。その代表としてニンニク「ハリマ王」がある。

この品種は、兵庫県加西市の生産者が祖父の代から栽培していたニンニクである。終戦後、生産者の農園の片隅でわずかに残っていた絶妙な風味のニンニクが地元の有名な焼肉店により認められ、一躍表舞台に登場した。長年の眠りから醒め、播磨地域で一番であるという意味を込めて「ハリマ王」と名付けたものである。

また、自給農園で古くから採種し続けていた地域の品種で、ほとんど知られていなかった作物を発掘して世に出す作業も行っている。

播磨地域南部で古くから栽培されていた「とっちゃ菜」が好例である。外見は「フダンソウ」なのだが、アクがほとんど感じられず、葉を播いて食べる。名称も「トジシャ」などとも呼ばれ、選抜して採種されているうちにその土地に適応したものと思われる。保存会の会員が子どもの頃に食べた記憶があり、再発見につながった。

このように、保存会の活動は地道で多岐にわたっている。本会の神髄は、名もない在来種を世に出し、種を採り続ける作業を支援することであり、小さな在来種にこそ面白さがある。

多様な目的を持つ調査活動

基本調査は、①過去の文献にもとづくもの、②家庭菜園レベルの自家採種、③既存育成産地、④種苗会社等の保持する在来選抜品種等について実施している。

保存会には地域ごとに活動する調査員が少ないため、調査にあたっては県の農業改良普及センター、農業技術センター、JA等から生産者情報を提供していただき、個人宅へ出向いて聴き取りを行ってい

絶妙な風味が人気のハリマ王

深志野メロンの調査を実施

る。この段階で保存会の会員になっていただく場合が多いが、山形在来作物研究会の基準に合わせて「世代を越えて種を採り続けている」こととしている。

調査は、新たな隠れた在来種を捜し出すことだけが目的ではない。生産者を訪問することによって、多くは高齢者である生産者を励まし、種の後継者を育てることも大きな目的である。さらにはその利用価値を見出し、産地化の後押しをすることも役割のひとつである。このためには、複数回の調査訪問が大切で、地域での保存会会員の活動が重要である。

情報収集の役割も担う 保存会通信を発行

保存会通信は、春と秋の年2回発行している。山根代表の活動報告を中心に、当初は世話人からのメッセージ性の強い内容であったが、現在は会員からの活動報告を重視し、会員相互に兵庫県の在来作物の状況がわかる内容としている。会報の容量も次第に増加する傾向にある。

発行は世話人のボランタリーな編集活動により支えられており、県施設の協力を得て印刷している。また、発送の労力と経費を軽減するため約40％をメール配信に切り替えている。

保存会通信には、イベント、見学会および調査活動の記録としての意義のみならず、会員に対しての情報提供の役割がある。また、さらに重要な役割として、各地域からの在来種に関する情報収集の任務も担っている。

関係機関を通じての調査活動のみでは、しだいに情報網が狭くなり、新たな発見がなくなる恐れがある。８００名を超える会員が参加する保存会の強みは、会員の持っている情報である。地域の隠れた在来種は、人と人との関係性の中から発見される。新たに見出した在来種は、さらにその種が受け継がれて発展することが多い。この意味でも、見出した在来種を保存会通信で紹介する意義は大きい。

種は文化であり生活そのもの

保存会も10年を経て、全県下の大まかな調査はほぼ終了し、70種程度の兵庫県の在来作物をリストアップした。今後も調査を続けるが、これから見出されるものは少なくなってくるであろう。

一方、在来作物の生産者の高齢化がこの10年でさらに進み、リーダーの中にはお亡くなりになる方もおられる。このような状況のなかで、私たちは再調査を続けて種子保存の応援活動を持続することが求められる。

また、このような在来作物を作り続けるためには、活用することを支援しなければならない。

おいしくても日持ちがしない、出荷期間が短い、外見が悪い、病害虫に弱いなど、在来種には作り続ける困難性が多々ある。しかしながら、種を播き続けなければ在来作物は途絶えてしまう。私たちには日々、食べることを通じて貴重な伝統的資源である在来作物を守り育てていく使命がある。種を採り続けることにより、風土に合った進化を遂げて次代に受け継ぐことが可能であろう。

ひょうごの在来種保存会は、単なる伝統的な種子の保存会ではない。今ある伝統的な遺伝資源を発展させ、未来に向けた在来種として育むことにより、「食べる」という人間の本質的な楽しみを次代に伝える活動である。種は文化であり、私たちの生活そのものであることを肝に銘じ、次代に向けた活動を継続する。

地方は自然のDNAバンク「山のこころ」に耳を傾けながらの暮らし

ジョン・ムーア（シーズ・オブ・ライフ）

いま、なぜ「地方に住むことが最高」か

「厳しい時代には地方に住むことが最高で、良い時代にも地方に住むことが最高だ」。私の祖父は、私が6歳のときにこう言い、私は忘れることがなかった。

祖父は、自分の人生すべてをシンプルに、まっすぐに生きた。家に電話を持つことはなく、「私と話したい人がいれば、うちのドアはいつも開けてある」と言っていた。車を持ったことはなく、いつもバスに乗っていた。掃除機を持ったことはなく、ほうきで十分で、うるさい音はなかった。月光を用いて種を植え、人生において休暇を取ったことはなかった。

私は、最近になって、祖父の言ったことを理解したのである。

現代の都市では、人生はとてもハードだ。職がなく、生活もなく、お金もなくて、挫折に満ちている。大きな都市では生活のバブルは弾け、銀行はほとんど倒産しかけている。都市での生活はいつでも大変だったが、かつてはお金を集めることができ、少しばかりの自分の夢を持つことだってできた。しかし、そんな時代は過ぎた。

都市での生活が良いときは、そこにたくさんのお金、きつい仕事、たくさんの支出、厳しい夢、他の人々の夢がある。しかし、あなた自身のための時間と夢は、少ししか残らない。

一方、地方に住んで最高なことは、お金が遠くに行ってしまっても、あなたの夢はあなたのものであり続けることだ。

本物の農家の新しい世代のための時代

シードバンク&ライブラリーを開始

私は高知県の仁淀川町椿山地区に移り住んで3年になる。10年かけて、日本中で私に最も合う田舎を探した。今は、食べ物が低コストで、家賃が低コストで、山を歩けばタダで楽しめて、生活のストレスがより少ない。地方に住むのが最高だ。

私は自然の山々、生き生きとした本物の土、そしてたくさんの在来種の植物と食べ物が好きだ。高知にはその全てがある。日本の野生の花と植物の65%は高知県に生息している。自然のDNAバンクだ。これらの山々、これらの古い在来植物のDNAは今も生きていて、山深いところでおばあさんやおじいさんに守られている。だからこそ私たちは、一般社団法人SEEDS OF LIFE（シーズ・オブ・ライフ：以下、SOLと略）でシードバンクとライブラリーを始めたのだ。

ここには昔ながらの植物の植え方、育て方、本当の日本食の調理法に関する豊富な知識がある。育つために化学肥料や農薬が必要な、アメリカから輸入されたF_1種ではなく、本物の味噌や豆腐がつくれる本物のダイズの種がある。

本物の種、本物の食べ物は、本物の文化と本物のライフスタイルを創る。地方の祭は植物を育て、地方の食事のサイクルを育てる。地方の歌、地方の踊り、地方の言葉、地方のレシピは、何百年にもわたって伝えられてきた。お金と関連することは何もない。山々と、本当の豊かさと関連することだ。

田舎の人々はみな、目の前で共に成長する、これが現実だ。山はゆっくりと動く。ゆっくり考え、ゆっくり息をする。実にゆっくり変化する。人類は実に速くやってきて、いなくなる。しかし、田舎の生活では山々のペースに近づいて、スローダウンする。少なくともあなたの庭で育つ野菜のペースに、春、夏、秋、そして冬の間の短い眠り。

800年の歴史がある仁淀川町椿山地区

椿山地区は仁淀川上流の最奥地。標高600ｍに位置し、急斜面に家屋や畑が点在

なぜ都市に住むのですか？　情報？　そんな情報が欲しいのであれば、インターネットがあるでしょう！　情報で何をするのですか？　食べるの？　植えるの？　人生のための本物の情報は、隣に住むおばあさんの心の中に深く植えられている。山々の緑は青々として、私が吐く息よりもきれいな空気がある。野菜を育て、毎日山の水を飲んでいる。

在来種で本物の食べ物を育てる

これからは、本物の農家の新しい世代のための時代だ。有機農業、そして在来種を守る農家とともに私たちは子どもたちのために、本物の食べ物を育てる必要がある。化学薬品を使った農業で、過去50年にわたって破壊してきた田舎を、きれいにする必要がある。

たくさんの農場や田んぼが、10年や20年も手つかずになっている。おばあさんたち、おじいさんたちは疲れてしまっている。だから、ここにある本物の食べ物を育てるという最高の仕事を担うために、私たちには若い血が必要だ。とくに、こんな素晴らしい山々の中では、天国に一番近い仕事だ。

　私はたびたび立ち止まって、私の上を舞い、じっと見つめるタカや、山々のこころから吐き出される霧を見回す。私は、お金ではこんなことを買うことができないと知っている。これらと共に生き、それが私の仕事と呼べるなんて、私は本当に幸せだ。

励ましと癒しの土で「泥んこになろう！」

夕景。山なみがシルエットとなっている

その土地に伝わる種を採り、有機栽培を実践するジョン・ムーアさん

「泥んこになろう！」。これこそ、私たちが自分の魂のためにできる、最高のこと。

　私たちの母なる大地、私たち自身、私たちのルーツ、私たちの食べ物の成長から、私たちは遠く離れすぎてしまった。

　だから私はハンドルを引いて、私たちの次の季節の食べ物を育てるために、かつての庭に戻った、生命の元である土に水を与える。土は、私たちの生活の根っこであり、私たちの未来の種だ。昔の人たちは土を文字通り愛し、母の力を近くに感じながら地面に座ったり、あおむけになったりした。土は慰めであり、励ましであり、浄化であり、癒しだった。

　子どもたちと土との関係に、気付いたことがあるだろうか？　彼らがとても喜んで泥に触っているのを見てごらん。子どもたちは泥で遊んだり、ときには泥を食べてしまう。

　迷ったときには、大地のあるところへ行って座り、指で泥に触れ、掘ってみてほしい。土の中で手を洗ってほしい。触れれば、土があなたの手にとって、どのようなものなのか気付くだろう。私たちの身体は大地に触れることが好きなのだ。

私たちは忙しくなりすぎて、こんなシンプルなことを忘れてしまった。白いシャツ、新しいマンション、ピカピカの車に、便利な食べ物の中で、清潔にしすぎるようになった。私たちが大地に触れれば、大地は私たちに触れることができる。

山々のこころに耳を傾ける

「大地に生えているものはなんであれ引き抜くことはよくないとされている。切りとるのはよい、だが、根こそぎにしてはならない。木にも、草にも、魂がある。よきインディアンは、大地に生えているものをなんであれ引き抜くとき、悲しみをもって行う。ぜひにも必要なのだと、許しを請う祈りを捧げながら」（シャイアン族 ウッデン・レッグ）

私たちは毎日、山のように考え、葉っぱのように生きようとしている。時には正しくできたり、時にはしなかったりする。目標はこの世界にすべての違いをもたらす。明日を創る。川が流れ、町を通り、海へと流れる、山々の中でのよりよい明日。すべての行動を、毎日私たちは山々の中ではっきりと見ることができ、そのことが子どもたちの未来を創る。

あなたは、日本のタカは40年ほど生きるのを知っていただろうか？ 爪は獲物をつかむのには長くなりすぎ、くちばしは食べ物を引き裂くのには曲がりすぎており、羽は壊れてうまく飛べなくなる。そこで彼らは選ぶ。彼らはすべての古い羽をなくならせるか引き抜き、爪をもぎ、くちばしを岩で砕き、そして、座って待つ。食べ物はない。新しい羽が育つのを待つ。それには時間がかかる。新しい爪とくちばしが育つのを待つ。それには時間がかかる。より強い鳥として現れる。山々へ羽ばたき、新しい家を見つけ、雲の間に高く飛ぶ。彼らは第二の生活を30年ほど生きる。彼らは山々と共に生きる。そして、温かい風と山々の霧と。新たな生活。

山々は何百万年もここにあり、私たちがこれから学ぶことよりも多くを知っている。座って、その心に耳を傾けよう。あなたのために、泣いているのが聴こえるだろう。週末、一週間、できれば一カ月はやってみよう。毎日、一時間、山と一緒に座ろう。あなたは今までと同じ人には戻れなくなる。あなたのこころの中に永遠に残り続ける。そして、あなたは山々のこころとも永遠にともにあるのだ。

シーズ・オブ・ライフの日々の地道な取り組み

２０１２年、私たちＳＯＬは、村から27の在来種の種を集め、シードバンクに入れた。未来へ向かう長い道のりの始まりだ。

食べ物や食べ方、生き方、野菜の育て方などを主題にした山の庭ワークショップを開催

　２０１３年には、薬草の庭、メディカルハーブの庭、在来種野菜の庭を始めた。この特別な庭々を育てるために20人もの素敵な方たちが毎月やってくる。ＳＯＬでは、これら山の庭ワークショップを毎月企画している。

　草刈りのあとには、みんなで古民家に集まり、陽が暮れるまで焼きそば、焼き肉を食べ、日本酒やビールを飲む。そして、ＳＯＬのシードライブラリーについて、これからの社会秩序について、そしてどうしたらそれを現実にできるかを話している。または、高知県の在来種ドブロクの素晴らしい味について話す。私のヤギ、ユキちゃんとシベリアンハスキーのフィンも、私たちが話しているのと同じように、みんなと遊ぶ。

　また、自分の食べ物やハーブの育て方、自分の人生を振り返り、あなた自身とあなたの子どもたちにとっての再出発をする方法、といった主題のワークショップやセミナーも企画している。会員限定の特別なワークショップもある。

高知市内にあるシーズオーガニックバーでは、高知市内、広島、群馬、兵庫、静岡、東京、大阪等からやってきた幸せなお客さまに野菜、薬草ハーブを出している。

在来種のダイズを集め増やすためのアクション

在来種のトウガラシを収穫し、乾燥させる

椿山地区で27種の在来種の種を収集。住民の手ほどきを受けながら栽培している

２０１３年、ＳＯＬは日本の在来種のダイズにフォーカスしている。日本で消費されるすべてのダイズのうち１％だけが本物の日本在来種のダイズで、ほとんど絶滅に瀕している。

ＳＯＬでは、日本の在来種のダイズを集め、育ててもらうためにＳＯＬ会員に渡し、できたダイズの20％をＳＯＬに戻してもらうこととしている。この20％は、さらに植えて増やすために、また会員へ配る。そうして、これらの日本の本物のダイズの種を、２０１３年に少なくとも１％は増やすつもりだ。これは大きなアクションだ。

このシードライブラリーはコンピューターベースで、どの種が、どこの誰からやってきて、どこの誰のところへ行き、どれだけの数が戻ってきたかを、写真とデータで追跡している。これも大きな仕事だ。

ＳＯＬは、私たちの子どもたちの未来を育て、私たちの心をプロセスに注ぎ込んでいる。ぜひ、みなさんも手を貸してほしい。３ヶ月であなたは、もっと良い存在になるはずだ。そして、この惑星と共に成長しよう。

種をあやし、種を採るなかで感じる小さな粒の神秘性、すばらしさ、大切さ

岩崎　政利（種の自然農園）

在来種・固定種の種に行き着いて

農業を受け継いでから43年が過ぎ、それまでの慣行農業から農薬、化学肥料を使わない有機農業に切り替えてから、すでに30年余りになる。現在、長崎県雲仙市で栽培している野菜は80品目。このうち50品目以上の野菜から自家採種をしている。

病気にも害虫にも強い品種を探していくなかで、いやおうなしに在来種、固定種の野菜に行き着く。なぜなら、それらの野菜は当然のことながら気候、風土に適応した野菜として生命力があり、自分で生き抜いていこうとする力を秘めているからである。その土地の季節に合わせて栽培すれば、病気にもかかりにくい。

私が手がけている黒田五寸人参、雲仙こぶ高菜、雲仙赤紫大根、マクワウリ、長崎赤カブ、長崎唐人菜などの状態を報告しながら、在来種・固定種の価値、自家採種の意義などについて考えてみたい。

29年目の黒田五寸人参の花

美しい傘花が枯れ、きつね色に

畑のなか、真っ白い人参の傘花が咲いている。この人参の花も私の農園のなかで、29回目の開花になる。よくも29年間も種を切らさずに守り続けてきたもの。この地元の黒田五寸人参を栽培し、毎年人参の一生と付き合っていくなかで、私はいろいろなことを学んできた。

黒田五寸人参の開花。やがてきつね色になる

βカロチンが多く含まれ、甘みの強い黒田五寸人参

花を見ていくなかで、10年過ぎたころに、それまではさりげなく見ていたのだが、やっと、この人参の白い美しさを感じることができた。「野菜の花とは美しいものなのだ」と。

その甘いにおいのする花にはいろいろな昆虫が集まり、種が稔っていく、そのたびに花が散っていくなかで、傘花は日増しに枯れ、きつね色になりながら、みずからの次の種を、花に代わって花序（花を着けている茎の部分の総称）のなかにたくさんつないでいく。この花序のなかにみずからの種を次の世代に託していく。このとき、野菜の一生で、いちばんすばらしい瞬間を感じるのである。

花序に種が稔り、色づいてきた時期に、収穫を終えて、乾燥する。近頃は、梅雨がとても早かったり、また豪雨があったりして鞘の付きが少なく、種の量が少なく不安定になりつつある。このように異常天候が進んでいくなかで、種を守っていくことは大変になっており、今まで以上に大切に取り組まなければならないと感じている。

収穫した花序を乾燥し、種を採る

枯れた花序を収穫して乾燥させ、手であやして種を落としていく。いろいろな野菜の種を守っていくなかでいちばん手間がかかる。種の量も少ないし、種をまく状態までに、また手間が要る。そして種はあやすごとにどんどん少なくなっていく。まさに両手いっぱいの種が、畑いっぱいに広がってあやした種が、まさに両手いっぱいに帰ってきた感じなのである。人参の種の発芽する年数は、野菜の仲間ではとても長い。

今みずからの農園において、農業における生物の多様性を追い求めている。一本一本の人参は、それぞれの個性があり、人はついつい美人の姿のものばかりを選んでいきがちなのだが、それればかりを追い求めては、弱いものになっていく。人参の世界も私たちの人間社会と同じようなところがあるといえるかもしれない。

多様な品種を追い求めるなかで、人参から始まった種採りは、カブやダイコン、そして漬け菜に広がっていくのである。

食の遺産に認定された雲仙こぶ高菜

小さな種苗店が守ってきた原種

畑のすぐ横を流れる川のなかや地域のなかでも、昔作ったことのある雲仙こぶ高菜が何本か自然的に生育している姿が今でも見られる。

昔すぐ下の集落にあったのが、小さな峯種苗店。峯さん夫婦はこの野菜を雲仙こぶ高菜と名づけて、自ら原種を守りながら、その種を販売して全国に広げてきた。峯さんの自慢のこの野菜は、戦争のとき中国から日本に持ち帰ったもの。夫婦でこの雲仙こぶ高菜の種生産と販売をしてきた。一時は地元の農家も栽培し、私の父も作ったことがあると言っていた。地域にも広がっていったが、次第に別の三池高菜におされてしまい、年々作り人がいなくなってい

食の遺産に認定され、特産物になろうとしている雲仙こぶ高菜

き、峯さんが亡くなり種苗店をやめるとともに、雲仙こぶ高菜は、地域のなかでみなに忘れ去られてしまった。

　私も、30年前に、峯さんから種をいただいて、栽培してみたことがある。しかし私は、野菜作りのなかで加工としての高菜に対しては、あまり関心がなく、すぐにやめてしまった。だが峯さんは、私が農業を始めたころに、よくその自慢のこぶ高菜の種を採っている畑に連れて行き、自慢げに高菜の原種の姿を私に教えてくれた。そのころは、関心がないこともあり、ただ見ているだけだった。しかし、確実に今でもその原種の姿は、私の頭のなかに残っているのである。

消えゆく寸前の種をいただいて

　この雲仙こぶ高菜の復活は、東京での有機流通会社が全国の伝統野菜の宅配を企画するなかで始まった。

　日本の伝統野菜のなかで一番に珍しい野菜として、注目されはじめていたのである。そして都会の人たちは、高菜としてではなく野菜として、炒めたりして食べておいしいと評価したものである。私も種を守る運動をしていながら、自らの身近の種を何もせずにいたので、東京でのことを地元の役場の経済課に、すぐに報告、相談。幸いにして、峯さんの娘さんが、そのころはまだ役場に勤めていた。娘さんの話によれば、父が亡くなってからも、母が細々と父の想いを大切にして種を守り続けてきたという。それはまさに消え行く寸前の種でもあった。

　その種を町に寄付していただき、その種から私は昔、峯さんから、教えていただいた原種の姿になるべく近づけていこうとして選抜を繰り返し、種を守り始めてみた。

　そのことが日本スローフード協会に認められ、食の遺産に認定されたのである。今回それが縁で世界スローフード協会からイタリアのテッラマッドレの世界大会に招待を受けて参加することができた。そしてこの雲仙こぶ高菜を、地元の農協の加工所で加工し、雲仙市の特産物にしていこうという活動が始まっている。

　地域の食文化とは、このようにして、種を守り伝えていく、そしてその食材も地域に長く根づいていくなかで、よりその風土に合ったものになっていく、それを食材にして地域の食文化が形成されていくものと実感している。

　いまでは、農協婦人部守山加工所からつぎつぎに高菜の加工品が生み出されていき、雲仙市の特産品としても広がっている。雲仙こぶ高菜の復活の活動は、これからの在来種の作物の取り組みを切り開いてくれたと思っている。

雲仙赤紫大根の名前で伝統野菜に

赤首女山《おんなやま》三月《さんがつ》大根は、佐賀県多久《たく》地方の伝統野菜であり、雲仙市の国見町神代地域に伝わってきたという。この大根は、国見町の神代地域で栽培されていたことにより、隣の私たちの地域にも一時的に栽培が広がってきたもの。しかし、私の畑の女山三月大根は、雑誌やテレビに見る多久地方の大根とはかなり違っている。

　私の場合、種は20年ぐらい前に地元の種苗会社から購入したもの。当初からとても細長く青葉系の多い大根だったが、毎年赤紫の色のよく出る大根を繰り返し選抜していくなかで、年々と、青い葉が少なくなり、少し短めの総太りの姿になってきている。

　本来は煮大根の大根だが、私の知っている消費者のほとんどが、この大根のすばらしい赤紫の色を利用して、サラダなどに利用している。おろしにしてカボスなどの酸味のあるものをかければ、パーッと赤

雲仙赤紫大根。赤紫色のよく出る大根の選抜を繰り返し、総太りの姿に育成

色を帯びて、とてもきれいなものになる。

からみは少なく、甘みのある大根。私たちの地域で、青首大根と交雑を繰り返していくなかで、長くなり、そして葉っぱも青みが多くなっていってしまったものと思う。暖かいところにやってきて、少し耐寒性は弱くなっているのかもしれず、2月になると、どうしても肩のところに寒傷みが出てくる。佐賀の多久地方のものは、もっと耐寒性は強い。

花は、赤紫と白の色とが混じりあい、とても美しい。この大根も、雲仙市の伝統野菜にしていくために20年近く守っている。もう雲仙赤紫大根という名前になっていいかなあと思っている。

人は住みなれた家がいいように、野菜も同じ場所に暮らしていくことがいいのではと感じている。在来種はさりげなく、繰り返し繰り返し同じ場所に生きていくことが大事である。

作りやすく個性のある マクワウリ

食べるときに種を残す

昔は盛んに作られていたマクワウリ、今はいろいろの新しいメロンの出現のなかで、マクワウリの仲間は次々に作られなくなってしまった。昔ながらのあっさりした甘さ、そのためにたくさんに食べられるこのマクワウリ、私の農園では、銀泉タイプのマクワウリ、バナナマクワウリ、トラ皮メロン、ニューメロンの4種類のマクワウリを作り続けている。

定植はいつも5月の終わり頃から、6月の初め頃。梅雨明けの7月の20日過ぎ頃から花が咲き、果実が成り始めるように栽培していく。これより早くては梅雨の雨でなかなか生き残ることは難しい。栽培する銀泉タイプのマクワウリは黄色で白い縞があるマクワウリ、トラ縞があるトラ皮メロン。このようなマクワウリは一度栽培すれば、食べるときに種を残しておけばまた次の年に自らの種で栽培を楽しむことができる。

それぞれのマクワウリに個性があり、どれがいいとはいえない。味においても、それぞれに良さがある。黄色の皮に白い縞がある銀泉タイプのマクワウリは、もう父の代から30年以上も私の家に根付いている。もとは、地元の種屋さんから「島根の出雲メロンだ」と聴いたことがある。作り続けている大きな要因は、私の妻が気に入っていることがあげられる。日持ちがしないのが大きな欠点で、外の皮の傷みが早い。

年々作りやすくなってきた銀泉タイプ

最初はとても作りにくかった銀泉タイプのマクワウリだが、作った畑には必ず、次の年こぼれ種が発芽して育ち、栽培しているものよりいいウリが生産できた。それから、なるべく不耕起の畑のなかで自然発芽して育ったものを繰り返し繰り返し種取りしていくなかで、年々少し野性的な姿になり、作りやすいマクワウリになってきたのである。

少し丸型のニューメロンは、マクワウリのなかでは、一番においしく感じる。少し早く収穫しても食味はほかのマクワウリよりも良い。しかし、収穫の直前に雨が降ると、尻のほうから割れたりして腐れやすく、デリケートなウリである。

バナナウリは香りが良く、このウリを食べに野生のキジたちが寄ってくることもある。用心深いキジが食べるくらいだから、味のバランスがきっといいのだろう。日持ちはいちばん悪く、家庭菜園で作って食べるマクワウリかもしれない。

もうひとつのトラ皮メロンは、天草の農家の方が長年自家採種を続けているのを分けていただいたものだが、本当に個性的な姿をしている。このウリは肉質が薄く柔らかくて甘みは少し落ちるが、とても豊産種で作りやすい。冷蔵庫で冷やして食べる場合は、一番向いているといえよう。

採種しやすい長崎赤カブ

長崎地方に昔から作られていた長崎赤カブ。秋から年内中心に栽培され、とくに酢のものにしたときに色が赤く美しいところから、正月にはとても重宝されている。1月に入れば、中頃からは、とう立ちが始まる。カブの仲間では、とう立ちは一番に早いほうに属する。

左から長崎赤カブ、弘岡カブ、万木カブ

長崎赤長カブ。細長く、肉質は硬い。長崎市近郊で栽培され続けている

背丈は、白のカブに比べて、背は高く、そのために白カブのようには密植栽培はできない。この頃は直売所でも、たくさん見かけられるようになった。この種を販売している種苗会社の方に、「またこのカブの種が売れ始めていいですね」と話したことがあるが、あまり悦んではいなかった。このような在来種は、種がとても安いために販売しても儲からないという。そんなに高くない種だから、市販されている間は種は買って栽培したほうが楽だが、やはり種は自ら採って栽培するのが本道。ところどころに交雑のカブが出たときは、早目に引き抜いて捨てることにしている。

長崎カブの赤紫の色は、土から出ている部分に強く出てくる。土寄せすると、カブ表面は赤紫が出にくくなる。重なり合っても大きくなっていく。カブとカブの間にも居場所がなくなってしまったカブであっても、根だけ土に伸ばして大きくなっていく。えらいと感心して、よくがんばったと、ど根性のカブも早めに、収穫することにしている。

収穫の最盛期になれば、年内に種採り用の母本カブを選ぶ。扁平でなくて、すこし丸みを帯びたものを中心に選んでいくが、本来なら、いくぶん多様性も持たせていくべきなのかもしれない。適性な姿のものだけだと、種の採り量が少なくなったり、生命力が落ちたりすることがある。カブは、他のアブラナ科の野菜たちの花が咲かないうちに花が咲くので、交雑が少なく種が採りやすい野菜でもある。

私の農園には長崎赤カブのほかにも弘岡カブ、金町カブ、大野紅カブ、万木《ゆるぎ》カブ、日野菜カブ、松ヶ崎カブ、みやまカブ、と各地の在来種カブが生きている。日本における多種多様なカブは、とても豊かで世界に誇れるすばらしいものである。

長崎白菜のまたの名は長崎唐人菜

長崎唐人菜とは長崎白菜のこと。長崎白菜のことを調べていたら、別名に長崎唐人菜としても載っていたので、私は、長崎唐人菜として守っている。長崎白菜の仲間には、早生種と晩生種があり、新しいタイプも育成されている。私の農園で守っているタイプは、晩生種で、近くの種苗会社が販売している晩生種より姿が変わっている。

27年ぐらい前に、一度近くの種苗店から種を購入して栽培したが、私はそのときはあまり気に入らずに、栽培してもほとんど収穫せずに、畑に放置していた。そこがたまたま畑を耕さない不耕起栽培の実験畑であり、畑の隅に花を咲かせては種を稔らせながら、こぼれた種で生き延びてきた。数年たったとき、畑のなかに、なんと、こぢんまりだが素敵な姿として生きているものが数株。これはすばらしいと、引き抜いて畑の隅に植えなおして種を採った。こぼれた種から手がけた長崎白菜である。

地域の有機の生産者は今でも数人程度だが、この長崎唐人菜を守り続けており、雲仙こぶ高菜と同様に食の遺産として認定を受けている。長崎白菜の仲間のなかでは、晩生のために、収穫は3月初めまで続き、最後はとう立ち菜としても利用できる。全体の葉は緑が濃く、縮緬《ちりめん》がかって美しい。大きさは500g前後で、希望者にミニ宅配している私の農園としては扱いやすい大きさである。

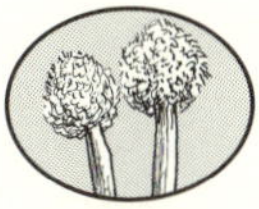

野菜の開花と交雑のない場所

4月の初めになれば、畑の隅やとても小さな狭い畑に種採り用に植えなおしたり残しておいた野菜が次々に花を咲かせる。20種類もの野菜の花と対面する瞬間でもある。

平家大根の開花

アブラナ科の開花（上・雲仙こぶ高菜、中・紅心大根、下・ゆるぎ赤カブ）

より安全な農法を捜し求めていくなかで、一番多くの農法を教えてもらった瞬間がこの野菜たちの花との対面からだった。これまで野菜の花を撮り続けているが、野菜の花をじーっと眺めていると、なんだかその野菜たちのなかに、入っていくための扉が開いていくような気がする。野菜は、花をより美しい姿にすることで自らの種を守り続けるために、いろいろの昆虫を招き、より受け入れるときなのである。この瞬間に自らが主人であることを花に語りながら、野菜の本当のことを知る、いや、教えてもらうときなのである。

野菜の花が咲く……それはその野菜のすばらしい遺伝子を守り残していくことなのだから、周囲に交雑の仲間の野菜の花が咲いていないかという点に気をつけるようにしている。自ら手がける野菜の花は自らが注意できるが、隣の農家が咲かせた花は、どうしようもない。

これからは、この大切な種の遺伝子を守り伝えていくために、もっと交雑のない場所を確保し、種を守っていくことが必要となろう。

長い間守り伝えている大切な野菜の種を地域の食、食文化に発展していくことこそ、大切であり、どこにでも発信できる重要な運動でもあると感じている。野菜の花をくり返し咲かせ続けていく、そして野菜がその地の住民になったときには、もう立派な在来野菜、地場野菜になったといってもよい。

花から鞘へと変化

鞘をつけた長崎長赤カブ(左)と青首大根

松ヶ崎浮菜カブの鞘。小鳥が飛来し、食べはじめられている

長崎赤カブの花は満開を過ぎて、花から鞘へ変わっていく。小さな花なので、鞘もまた小さく、茎は赤みを帯びている。そうなると鞘は収穫してもいい状態。種の大きさは野菜の種のなかではいちばん小さな部類の種の仲間である。

いちばん早くから花を咲かせていた大和真菜の花も多くは散り、青い鞘へと変わっていく。3年続いての同じ場所での開花となると、大和真菜もすっかり、ここはもう自らの居場所と感じているかもしれない。

長崎赤カブの花も花から鞘へ変わってきている。やはり種の収穫ではいちばん早いほうになる。生育していくなかで畑の隅のものをそのまま残しておいた水菜の花も花から鞘へ変わっていき、たくさんの鞘をつけている。このように植え替えなしでそのままにして花を咲かせていくと、大量の種が実っていくことになる。

真っ先に定植して花を咲かせた杓子菜も、花から鞘へ変わっていく。のっぽの野菜なので鞘も高いところに実る。そして花が落ちたときには、もう種を膨らませてきている。今が満開の長崎唐人菜の花、すぐ近くに川沿いの野生のカラシナも咲いている。少し気になるが川のなかを草払いしている時間がなく、どれだけ交雑が行われるか、試していくしかない。

「種をあやす」ということ

春先には、とても美しい花を咲かせていた野菜が、次々に花から鞘に変わっていき、やがて種が大きくなって鞘が黄色く色づく。このときの姿は、これがあの美しい花を咲かせていた野菜なのかと思うぐらいに変わってくる。私はこのときは、野菜の一生のなかでいちばん醜い状態だと思っていた。

しかし、野菜は自らの次世代の種を鞘のなかに残して、そして最後まで、その種を守っている。枯れ果てて今にも倒れそうになっても、自らの種だけは自らを犠牲にして支え、守っている。野菜は、私に、「ここまで育ててくれてありがとう」「あとは頼みますよ」と言っているような気がする。

種が落ちないようにその株を引き抜いて、しばらく乾燥させてから、次々に種をあやす。あやすというのは、鞘を抱いたようにして鞘から種を落とすこと。左の手で鞘を抱いて右の手であやしていく。それは、まるで赤ん坊をあやす姿によく似ている。そのままにしていると種が落ちてしまうので、種をあやしていくのだが、まさにこの梅雨時期に種取りが集中している。

わずか一月の間に、20種類の種がたまっていく。すべての野菜が、このように手であやしながら種が取れるといいのだが、スナックエンドウは乱暴にも棒でたたいてあやしたり、ダイコンはもっと乱暴に軽トラックのタイヤで行ったり来たりして踏みつけての種あやしになる。

あやした種は、自然の風でふるいにかける。風が通りやすい川土手に来て両手で種をつかんで、風の強さに合わせて手の高さを決めていく。風が弱いときには高くして、風が強いときには種が飛ばされないように低くして、種のなかに混ざっている鞘を振り分けていく。この動作を何回も繰り返していくなかで、たくさんあったはずの鞘が、どんどん少なくなっていく。まさに畑いっぱいに広がっていた野菜が、両手いっぱいの姿に帰ってくるときである。農業の本来のすばらしさを感じる瞬間である。

種の仕上げは、太陽による天日干し。これも実に気を遣う。種は生きているのだから、あまりに暑くては大変。種についている虫は、太陽の光がとても嫌いで逃げてしまったりする。種は、長く保存していくので、とても大切なこと。種のこの小さな神秘性、すばらしさ、そして大切さを、種をあやすなかで感じている。

種を保管し、次世代につなぐ

最後になるが、種を保存することについても触れておきたい。

果菜類も葉茎菜類も共通であるが、よく乾燥させたあと、紙袋（水分の抜けやすいクラフト紙であればいちばんよい）や布袋に入れる。袋に品種名や採種年月日を書いておく。プラスチックの容器だと冷蔵庫に入れたときの状態のままで種子の水分含量は減少しない。

保管場所は冷蔵庫、もしくは冷暗所が適している。冷蔵庫では袋に入れるのがよい。冷暗所ではフタを閉めて密閉できるガラス瓶などの容器に乾燥剤（菓子箱などに入っているもの）とともに入れておくとよい。詳しくは『野菜の種はこうして採ろう』（船越建明著、創森社）を参照されたい。

母本選抜、採種、選別、乾燥、保管などを万全に行い、人々が大切に守ってきたものを次の若い世代にも伝えていくつもりである。

第５章

遺伝子組み換え作物と種子消毒・輸入種子の脅威

遺伝子組み換えでないダイズ（小糸在来）

遺伝子組み換え作物で種子・食料を支配
～グローバル資本による利益優先主義の罠～

安田 節子（食政策センター・ビジョン21）

遺伝子組み換え作物の正体

自然界には、固有の種を保存し、継承していくために他の生物の遺伝子が入り込むのを防ぐバリアー、「種の壁」が備わっている。遺伝子組み換え作物は、この「種の壁」を破り、ウイルス、細菌、昆虫、動物など異なる生物の遺伝子を人工的に入れ込み、働かせるようにしたものだ。導入された異種遺伝子は後代に伝わるため、遺伝子組み換え作物は雑草化したりして、年々環境に拡散していく。

商品化された遺伝子組み換え作物（GM作物）は、主に除草剤耐性、殺虫毒素生成のものだ。近年はこの両方を導入したものが増えている。これらはウイルスや細菌から取り出した除草剤分解酵素や殺虫毒素を作る遺伝子に、それを働かせるようにするためのいくつものウイルスの遺伝子を連結したカセットを植物細胞に打ち込んで作り出したものだ。

遺伝子組み換え技術は最先端の技術のように思わ

れているが、「図書館の窓から本を投げ入れたとき、それが書棚の所定位置に収まることを期待する」ような、粗雑で未熟な技術だ。導入遺伝子がどのような作用をするのか、遺伝子間の相互作用もあり、理解は不完全なままだ。

例えば眠っていた遺伝子の活性化や、発育ステージに無関係な遺伝子の常時活性化などが起きる。想定外の有害物質が発生した例は、何件も報告されている。新奇のアレルゲンができる可能性もあるが、検出はきわめて困難だ。

また、GM遺伝子が異種生物の細胞内に伝達される「水平伝達」の問題は、まったく考慮されていない。これまでに、除草剤耐性ナタネの花粉によりミツバチの腸内細菌に除草剤耐性遺伝子が転移した例、GMテンサイから抗生物質耐性遺伝子が土壌細菌に転移した例などが知られている。

GM遺伝子に使われる微生物由来の遺伝子は、水平伝達した先の微生物に取り込まれる可能性が高いため、有害な微生物が発生する危険性が指摘されている。

明らかとなった GM食品の危険性

食べた組み換え体は胃ですべて分解されると説明されているが、2002年に英国で除草剤耐性遺伝子が断片化されずに人の便から発見された例がある。また2011年、カナダの医科大学の産婦人科医たちの発表では、GM殺虫毒素（Bt毒素）由来の有害物質が93％の妊娠女性の血液（30人のうち28人）から検出。80％の女性（30人のうち24人）の臍《さい》帯血《たいけつ》からも検出（妊娠していない女性のケースは69％）され、GM作物が作り出す殺虫毒素は腸で破壊されるので無害という説明を否定するものだった。

また、私たちは生涯、そして次世代も含めて長期間食べ続けるわけだが、企業が申請する安全性評価において長期の毒性試験は求められない。

ロシア科学アカデミーのエルマコヴァは、GMダイズを与えた母ラットによる次世代影響実験を行った。妊娠する胎児の数の減少、仔ラットの高死亡率

（51・6％、通常10％）、生き残った仔ラットの成長の遅れや肝臓、腎臓、睾丸に深刻な損傷と攻撃性、また母ラットの母性喪失の増加に影響があることを示した。

2012年、フランスのカーン大学のセラリーニらの研究で、GMトウモロコシをラットの平均寿命である24カ月間、給餌する実験を行った結果、ネズミに大きな腫瘍発生が見られ、とくにメスに強い影響が出た。24カ月目では対照群のがん発生率は30％だったが、実験群のメスでは50～80％の割合でがん腫瘍が見つかり、70％のメスが早期死亡。オスでは肝臓や皮膚に腫瘍が発生し、50％が早期死亡。通常、実験動物への投与は3カ月だが、今回の実験は、ラットの生涯にあたる24カ月間にわたって調べ、GMの根本的な問題を提起した。私たちが生涯食べて安全なのかは確認されてこなかったからだ。

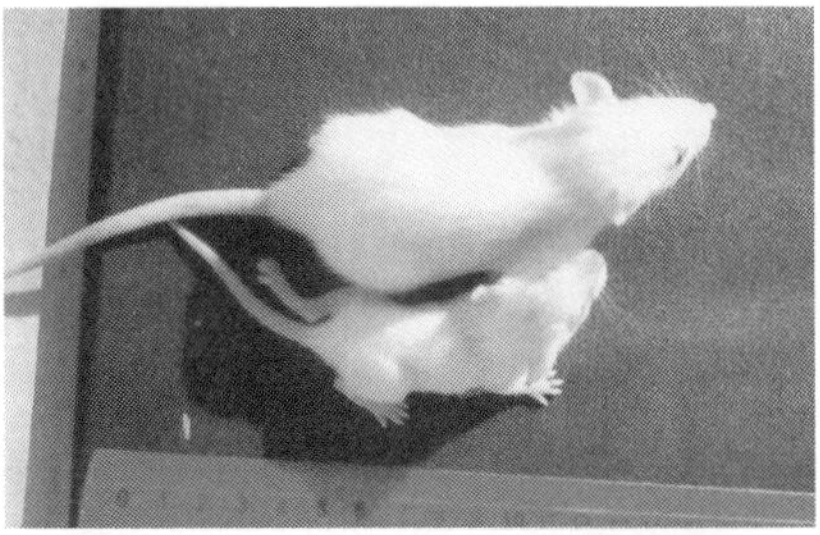

GMダイズによる試験で仔ラットの成長に違い

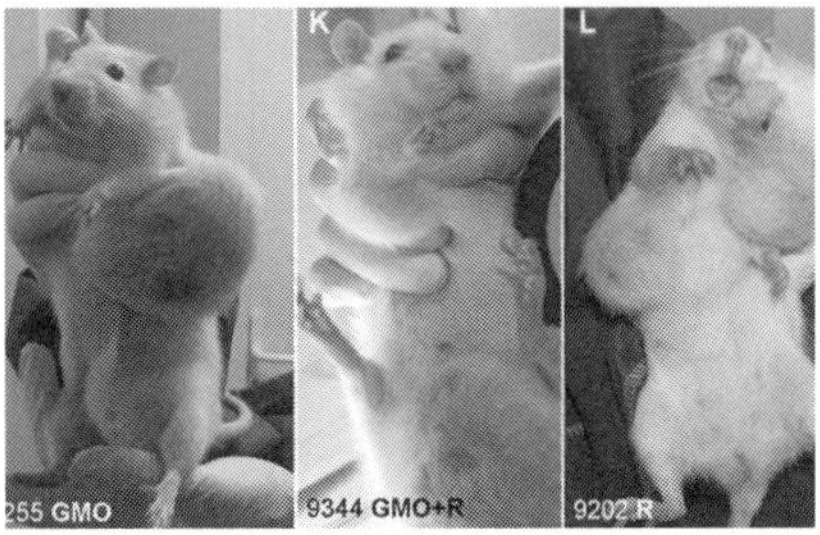

GMトウモロコシを24カ月間給与した結果、ネズミに大きな腫瘍が発生

普通種もGM種も対象となる生物特許の異常さ

今日、アメリカでは種の特許はGM品種に限らない。普通の種も、DNAを解析して特徴ある遺伝子を特許で押さえると、その遺伝子を持つ植物体そのものにも特許権が及ぶ。モンサントは種子銀行から種を持ち出して遺伝子解析し、片っ端から特許で押さえている。アメリカにおける生物特許は、いまでは5万件以上にのぼる。

もともと生物（自然物）に特許は認められていなかったが、1980年代にアメリカで遺伝子操作した微生物に特許が認められて、生物特許の突破口が開かれた。遺伝子の特許を取得すれば、その遺伝子を持つ、あるいは組み込んだものは、細胞であれ、種子であれ、生命体そのものすべて、動物でも植物でも所有権を主張できるようになった。日本も１９９８年の種苗法改正で、生物も特許の対象となった。

種苗会社の連合体である国際種苗連盟が仕切る植物の新品種の保護に関する国際条約ＵＰＯＶ条約の１９９１年改訂では、新品種の育成者権や特許権の適用例外だった「農家の自家採種」を原則禁止とすることが盛り込まれた。いまのところ「農家の自家採種」を禁止の例外のままにしている国がほとんどだが、いずれ禁止の方向だ。ＴＰＰ（環太平洋パートナーシップ協定）ではＷＴＯ（世界貿易機関）以上の特許権強化が待ち構えている。「農家の自家採種」禁止も視野に入ってくるのではないか。

また、モンサント社をはじめとするアグロバイオ（農業関連バイオテクノロジー）企業は、種子の支配を決定的なものにするために、自家採種を無効にする技術を開発済みだ。遺伝子操作により作物に実った二代目の種には毒ができ、死んでしまう。この技術は「ターミネーター（終わりにする）・テクノロジー」と呼ばれ、すべての植物に施すことができる。種の支配、農業支配につながるだけに留まらず、人類破滅を招く危険な技術だ。これは国際的な強い批判を浴びた結果、モンサント社らは「応用化はしない」と発表。しかしその後「食料には使わない」と言い変え、モンサント社はアメリカ農務省と一緒に綿花へのターミネーター技術を特許申請し、認められた。

グローバル企業による種子市場の寡占化

モンサント、デュポン、シンジェンタ等の石油化学、農薬のグローバル企業は、環境汚染問題から売り上げが頭打ちになったこともあり、こぞってアグロバイオ事業へ乗り出した。バイオテクノロジー分野は知的所有権、特許が多大な利益をもたらすからだ。

なかでもモンサントはＧＭ種子の販売でトップとなり、ＧＭ種子のシェアでは90％以上を占める。主力商品は自社の除草剤「ラウンドアップ」と、これに耐性を持つGM作物をセットにしたものだ。

彼らの次なる戦略は、種会社の買収だった。種会社を通して販売するよりも、自らが種会社になるほうが利益は大きいからだ。世界規模で種会社の買収を繰り返し、傘下に吸収していった。2009年現在、モンサントは世界の種子売上高の26・6%、4分の1以上を支配する世界一の種会社であり、アグロバイオ企業3社で種市場の53%を占めている（29頁の表参照）。

遺伝子組み換えダイズ（FAO＝国連食糧農業機関）

私たちの知らないうちに、一握りの企業によって世界の種市場の寡占化が進められている。種を一握りの企業に握られることは、私たちの食べ物が彼らに支配されることでもある。

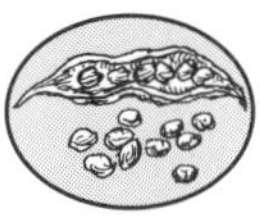

世界で増え続けるGM作物の栽培

アメリカが主なGM作物生産地

1996年にアメリカでGMダイズが栽培され、日本にも輸出が始まった。この年の作付面積は170万haだったが、2011年の作付面積が1億6000万haだったのが2012年は1億7030万ha。生産されている主なGM作物はダイズ、トウモロコシ、綿花、ナタネだ。

主なGM作物生産地はアメリカで、ダイズやトウモロコシの90%以上が、いまやGM種である。カナダのナタネはGMナタネの花粉の交雑で、いまではほとんどのナタネがGM種に汚染されてしまった。

南米のアルゼンチンは、経済破綻をしたときにモ

遺伝子組み換え作物の世界の栽培面積の推移　（作物別、世界累計）

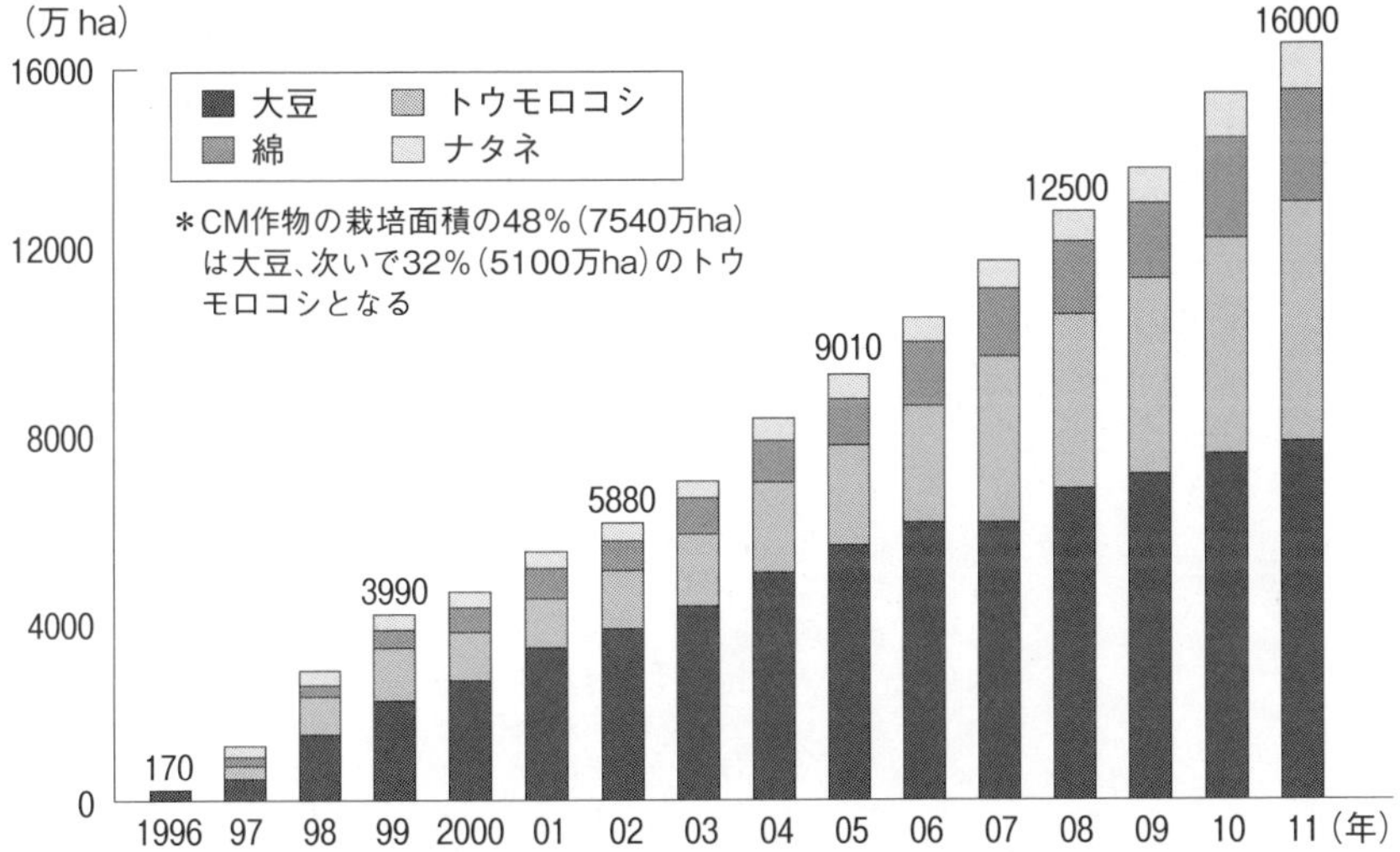

注：①2011年の世界の栽培面積は29か国で1億6000万ha（世界の耕地面積の9％に相当）
②「世界と日本の食料・農業・農村に関するファクトブック2013」（JA全中）などをもとに加工作成。原出典はISAAA（国際アグリバイオ事業団）

ンサントが種会社をことごとく買収したため、販売されるダイズの種は、いまやほとんどがGMダイズとなった。

ブラジルは、アメリカに次いで世界第二のダイズ輸出国だ。GMでないことが欧州向け輸出の優位性になると、当初はGM作物を禁止していた。ところが、GMダイズの種子が密輸され、GM種が混じるようになってしまい、政府はやむなく認可した。南米のダイズ生産はGM種に席巻されつつある。

インドは綿花の一大生産地だが、ワタの種会社がモンサントに買収された結果、GMワタの使用が推進され、農家が普通の綿花を植えたいと望んでもGM種しか販売されない州もある。特許料が上乗せされた高い種とセットで買うモンサントの除草剤は、インドの貧しい農家の負担となっている。

しかもGM種は収量が不安定であるうえ、市場価格が下がったりすると、たちまち多くの農民が借金を返せず自殺するという深刻な問題を引き起こしている。農民は「GMではない、これまでの種を使いたい」と声をそろえるが、種会社が寡占化され売り手市場になると、企業が儲かる、売りたい種しか売らなくなるのだ。

日本は世界最大の遺伝子組み換え作物輸入国

日本は、ＧＭ作物の商業栽培はまだ行われていない。しかし、世界最大のＧＭ輸入国なのだ。

２０１１年度の日本の自給率を見ると、トウモロコシはほぼ０％で年間１６００万ｔを輸入。そのうち75・5％をアメリカから輸入。ダイズの自給率は７％で、年間約３００万ｔを輸入。そのうち60～70％をアメリカから輸入。コメの生産量８００万ｔ／年と比べると、いかに膨大な量を輸入しているかがわかる。アメリカ産のトウモロコシやダイズはともに９割近くがＧＭ種だから、大量のＧＭ種を食べていることになる。

トウモロコシやダイズは、主に食用油や家畜の飼料になる。油、畜産物にもＧＭ表示がないから、知らずに食べている。また、醤油やコーンスターチ、ダイズレシチンなど加工食品原料や添加物（異性化糖や乳化剤ほか）などもＧＭ作物が原料の可能性が高い。

歪められている安全性評価の国際基準

お粗末な実質的同等性評価

ＧＭ食品の安全性評価は、アメリカが作った。「実質的同等性」と呼ばれる評価方法だ。ＧＭ作物を元の作物と比較して、姿形、主要栄養素の成分が同じか実質的に変わらないことを確認すれば、安全性は元の作物と同じとし、特別なチェックは不要というものだ。

開発企業は安全性評価を申請する際、ラットの短期の給餌実験データも自主的につけるようになったが、それは組み換え体そのものをラットに与えるのではなく、大腸菌に遺伝子導入して大腸菌の細胞内に作らせた除草剤分解酵素や殺虫毒素を取り出し、通常の餌に混ぜてラットに与えるというもの。組み換え体そのものにこれまでにない変化が起きても、これではわからない。アレルギー性はすでに知られたアレルゲン物質を調べるだけであり、新奇のアレルゲンが生成されていても調べられない。このお粗末な「実質的同等性」の評価がGM作物評価の国際基準となり、日本もこれを採用している。

当初、アメリカ政府はGM食品をGRAS（一般に安全と認められる）食品に分類したが、FDA（食品医薬品局）の研究者たちは「人類が初めて口にする食べ物なのに、なんの安全審査もなしに人々に食べさせるのか」と、こぞって抗議の文書を提出した。そこで、マイケル・テイラーという人物がFDAの政策担当副長官になり、「実質的同等性評価」を作り上げたのだ。彼はかつてモンサント社の顧問弁護士だった人物だ。

回転ドア人事とロビイストの力

アメリカの政策を歪めているのが「回転ドア」だ。大企業の人間が規制当局のトップにつき、規制緩和を行い、また企業に戻る。これを繰り返す。その結果、大企業に都合のよい政策ができあがる。

オバマ政権になっても回転ドア人事は続いている。近頃、マイケル・テイラーはモンサント社の副社長からふたたび、FDAの上級顧問に任命された。オバマ大統領は2008年の大統領選の公約で、GM食品の表示を掲げていたが、それがいまだに実現できないのは、大企業ロビイストらの力がどれほど大きいかを示唆している。

モンサントなどの大企業は、民主党と共和党の両大統領候補や議員に多額の選挙資金を寄付し、当選した暁にはその見返りを受ける。また大学や研究所へも資金提供を続けて、学界に強大な影響力を持つ。安全性を調べる研究には研究費を減らしたり、出させず、不都合な研究をする研究者を激しく攻撃し研究者生命を断とうとする。原子力ムラとそっくりの構図がGM世界にもあるのだ。

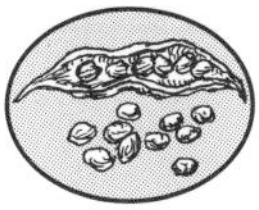

日本での安全性評価とTPPへの懸念

日本では輸入されたGMナタネの種子が、輸送中に道ばたにこぼれ、その〝こぼれ種〟からGMナタネが自生して問題になっている。自生ナタネが同じアブラナ科の野菜と交配しないか危惧されている。国の研究機関が交配実験で調査しようとしたが、モンサント社から「実験に使う自生のGMナタネは我が社の特許のもの。だから研究結果は発表前に我が社に見せるように」と研究への介入があり、結果、研究は取りやめになってしまった。

GM作物の安全審査は、企業が提出した書類を見るだけだ。近年増えている除草剤耐性と殺虫毒素生成の二種を同時に導入した品種の審査では、すでにそれぞれが認可を受けているから、「安全なもの」×「安全なもの」=「安全」だとしている。ずいぶん乱暴な審査ではないか。自分に不要なたくさんの外来遺伝子を入れ込まれた植物体は、大きな負荷を抱え、変異が起こる可能性が高くなる。新規の品種として安全性評価をきちんとすべきだろう。

また、先のフランスの長期給餌実験でリスクを示すような新たな知見が示されても、再審査はなされない。国民のいのち、健康よりもバイテク企業が籍を置くアメリカに配慮する政府の姿勢は、対米従属以外のなにものでもない。

日本が参加を決めたTPP交渉では、アメリカの要求によるGM表示の撤廃が懸念されている。2012年3月に発効した米韓FTA(自由貿易協定)の事前協議のひとつ「GMに関する覚書」では、韓国は「アメリカが科学的に安全と認めたGM食品は自動的に受け入れること」とされた。独自の安全性審査は不要というのだ。アメリカ通商代表部のマランティス代表代行は、「TPPでは米韓FTA以上を求める」と〝クギ〟をさしている。

アメリカはTPPを使って、バイテク企業の利益を守るアメリカ基準を押しつけ、GM表示を奪い、GM作物をガンガン輸出するつもりのようだ。また、「遺伝子組み換えではない」という日本の任意表示は、バイテク企業が「GM食品が悪いもののように見え不当だ!」と、日本政府を訴える(TPPのISD=投資家・国家訴訟条項)ことも十分あり得る。ちなみに韓国では韓米FTA発効後、学校給食に地産地消をうたう条例がFTA違反になると廃止される事態が起きている。

アメリカは「正当な科学」という言葉を使って、危険性の因果関係が立証できない限り貿易制限をしてはいけないという、企業側に都合のよい論理を振りかざす。これに対しＥＵ（欧州連合）は、狂牛病（ＢＳＥ＝牛海綿状脳症）の経験から、立証はなくても安全性に疑いがあるなら予防的に慎重な対応をとるという「予防原則」に立って消費者の健康を優先する立場だ。

ＧＭ表示撤廃となれば、いずれＧＭコムギ、ＧＭ米の輸出もされるようになるだろう。主食にまでＧＭが入る事態は、ＧＭ作物に日本の食が支配されることだ。また、国民の健康に脅威となる。ＴＰＰは国民の主権を踏みにじる、憲法違反の協定と思う。

遺伝子組み換えによる食料主権の侵害

遺伝子組み換え作物は、特許種子であることを盾に農家を支配する道具となっている。モンサントに雇われたモンサントポリスと呼ばれる人間が常に農家を回って調査を行い、契約違反や特許侵害の疑いがあれば訴訟で脅す。農家は一年も前の種子の購入契約書などなかったり、記録がちゃんとしていないことが多い。

訴訟による和解金獲得は〝事業〟

ＤＮＡを調べたと主張されれば、勝ち目はない。裁判に負ければ相手の裁判費用も負担させられ、家も農地も年金も全部取られてしまう恐怖がある。それで、ほとんどの農家は泣く泣く提示された和解金を払うことになる。

この、訴訟で脅して和解金を取るのは〝事業〟であり、ワシントンの食品安全センター（ＦＳＣ）の調査によると、２００７年には特許侵害の和解金で、モンサント社は1億数千万ドル（日本円で百数十億円）を獲得したという。

カナダの農家シュマイザーさんは、モンサント社の提訴の脅しに負けず裁判を闘った。彼のナタネ畑から採取したナタネがＧＭ種だったというのだが、彼は一回もモンサントの種を買っていない。モンサント社が訴えたGM種子は、風やハチによって花粉が運ばれてきたか、GMナタネの運搬中のトラックからこぼれた種が道路沿いのシュマイザーさんの畑に混入し、発芽したものだったのかもしれない。判決では不可抗力で混入した場合でも、彼の畑に特許種子が生えていたことが特許侵害に当たるというものだった。賠償金は免れたものの、自身の裁判費用に約2700万円ものお金を使ったそうだ。

本来なら、汚染をもたらす側が汚染を防ぐ手立てを講じるのが、これまでの社会通念だ。しかし、GMの場合、汚染を受ける側が汚染を防ぐ手立てを講じなければ、その結果を負わされるという不条理がまかり通る。

いのちを養う種は人類の共有財産

アグロバイオ企業の倫理なき悪徳商法を野放しにしてはいけない。なによりも、種子を一握りの企業が独占し、GM種を拡大することは食料主権の侵害だ。「GM作物を食べたい。売ってくれ」という国はどこにもない。アメリカが力に物言わせて押し売りをしているだけだ。

どの国も、必要な作物を必要な量生産するために、種を農家や国家が保存し、農家が自由に使える権利がある。また、国内の農業生産を保護し、また何を輸入するか、生産と貿易を決定するのも、その国の人たちの当然の権利だ。それが国家主権の一部をなす食料主権なのだ。

また、種に特許を認める必要はまったくない。新品種開発者の権利は「育成者権」で保護されている。特許は農家を種苗会社の管理下に置き、支配し、企業の利益を生み続けさせるためのものとなっている。

今日、グローバル企業は自由貿易協定を使って手前勝手な自由を膨張させ、利潤を増やすためなら国家の主権や民主主義、人権を踏みにじるようになった。最も大切なものはお金ではなく、「いのち」だ。「いのち」は「種」に宿り、種は食べ物になり「いのち」を養う。種は、まさに人類の共有財なのである。

本当のことはわからない種子消毒とブラックボックスの輸入種子

辻　万千子（反農薬東京グループ）

種苗法で農薬使用表示義務

今や、市販の種子はほとんどがF_1種で、自家採取できない構造になっている。有機農業者も市販の種子を買わざるを得ない場合が多い。

市販の種子は種子由来の伝染病を防止するため、種子消毒がされているのが通常だ。種子消毒は熱によるものもあるが、ほとんどは農薬（殺菌剤、殺虫剤）を使用している。

２００３年の農薬取締法改定によって農薬製剤ごとに収穫までの使用回数が決められ、これに違反すれば、使用者には罰則が科せられることになった。種苗への使用も農薬使用履歴に含まれることになり、これを受けて種苗法では、種苗に使用した農薬を表示する義務を課している。

現在の種苗法は１９９８年、それまでの「農産種苗法」を全面改定して施行された。この法律の目的は、「新品種の保護のための品種登録に関する制度、指定種苗の表示に関する規制等について定めることにより、品種の育成の振興と種苗の流通の適正化を図り」、農林業を発展させることとされている。知的財産保護が主体になっている。

　指定種苗については、その第59条に、「指定種苗は、その包装に次に掲げる事項を表示したもの又は当該事項を表示する証票を添付したものでなければ、販売してはならない」とある。指定種苗とは、穀類、マメ類、イモ類、野菜などの食用となる作物、飼料作物のすべてと、一部の果樹、花卉、芝草で、ほとんどの農作物が入る。

　指定種苗は以下の表示が義務づけられている。

一　表示をした種苗業者の氏名又は名称及び住所
二　種類及び品種（接木した苗木にあっては、穂木及び台木の種類及び品種）
三　生産地
四　種子については、採種の年月又は有効期限及び発芽率
五　数量
六　その他農林水産省令で定める事項。（農薬の使用履歴）

　この六が、農薬使用履歴の表示である。

　違反した種苗会社に対し、農水大臣は当該種苗の販売を禁止することができる。また、虚偽の表示をした指定種苗を販売した者は50万円以下の罰金という罰則もある。

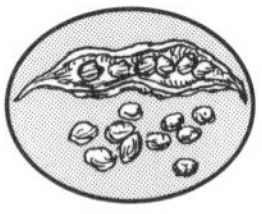

種子処理と登録農薬

種子消毒剤には殺菌剤と殺虫剤を使用

　農薬による種子処理は、塗沫、粉衣、浸漬《しんせき》、などがある。現在、登録農薬で種子に適用のある農薬は、粉衣99製剤、塗沫75製剤、浸漬１９８製剤となっている。

　種子消毒剤を有効成分別（複合剤を含む）で多いものから並べると次頁の表のようになる。種子消毒には、主に殺菌剤が使用されると言われているが、殺虫剤もある。有機リン系殺虫剤のＭＥＰ（スミチ

オン）は、実に39製剤が登録されている。また、ミツバチに被害を与えるとしてＥＵで２０１３年12月から２年間の一時使用禁止になって関心を集めているネオニコチノイド系農薬３成分のうち、イミダクロプリド（殺虫剤）が９製剤、チアメトキサム（殺虫剤）の２製剤が登録されている。

種子消毒剤の登録製剤数と原体出荷量

農薬名	製剤数	用途	2010年原体出荷量*（t・kℓ）
オキソリニック酸	42	殺菌剤	38.845
ＭＥＰ（スミチオン）	39	殺虫剤	464.804
チウラム	31	殺菌剤	247.521
イプコナゾール	21	殺菌剤	6.000
イミノクタジン	19	殺菌剤	82.794
トリフルミゾール	18	殺菌剤	21.890
銅（混合剤のみ）	17		
チオファネートメチル	16	殺菌剤	420.683
フルジオキソニル	14	殺菌剤	17.383

＊表中の原体出荷量は、国立環境研究所の農薬データベースにもとづく個々の農薬成分のもので、種子処理用の数量・比率はわからない。

無消毒の種子を選ぶように

登録状況と実際の使用とは異なっている場合が多いので、種子消毒された種子がどのくらい使用されているか、例を紹介したい。

長野県で有機農業を営んでいる渡邉健寛さんが、２０１２年（一部２０１１年）に使用した種子の袋のラベルで調べたところ、合計60品種の種子のうち種子消毒されていたものは、チウラムが24、ベノミルが５、キャプタンが９、イプロジオンが５、その他が６であった。そして、ラベルに農薬使用の記載がない無消毒のものが28種類あったという。渡邉さんは「種子消毒していないものも結構あるからそちらを選ぶように」と、感想を述べていた。採取地は国内が10、他はアメリカ、タイ、韓国が目立つ。

水稲以外の野菜などの種子は、主に種苗会社が農薬処理する。この場合、農薬使用者は種苗会社である。問題なのは、８割から９割が海外採取で、日本に輸入されていることである。

輸入種子はブラックボックス

農薬取締法は輸入種子に適用できない

輸入種子は、日本の種を外国へもっていって、そこで大量に育て、種子をとる。国内でないため、栽培中はもちろん、収穫された種子にどのような農薬が使用されているかは、種苗会社しかわからない。

コーティング処理を施した種

ブラックボックスである。また、農薬取締法は外国には適用しないため、外国でどのような農薬を使用しようが、取り締まれない（食品であれば食品衛生法の残留農薬基準があり、基準値を超えたものは流通できないことになっているが、種子に関しては、基準はない）。

ともあれ、どの程度、農薬で処理された種子が輸入されているか、2012年に農林水産省に聞いてみた。質問内容を記す。

①農薬であらかじめ処理された種苗の輸入はどの程度ありますか。

②農薬が使用された種苗は、どのように表示されて、販売されていますか。また、表示が正しいか確認していますか。

質問に対する農林水産省の回答は次の通り。

「貿易統計によると、豆類などについてコーティングなどの種子処理の施された種苗の輸入量は約900tとなっています。一方、野菜、花などの種苗については、種子処理されたものを区分した統計は存在せず、よって処理された種苗の数量は不明です。輸入種子を国内で販売する場合は、種苗法に基づく表示義務が課せられます。したがって、輸入種子についてもすでに国内で流通している種子と同様に検査を行い、不適切な表示があった場合には、該当する種子の販売者に対して指導を行うこととしています」

植物検疫統計による野菜種子輸入量（2011年度）

単位ｔ　以下四捨五入

ダイコン族	819（米国：425、ニュージーランド：195、イタリア：142）
ホウレンソウ	804（デンマーク：465、米国：243、イタリア：30）
インゲンマメ	325（米国：255、中国：48、タイ：18）
エンドウ	322（米国：251、中国：45、タイ：11）
ニンジン族	274（チリ：107、南アフリカ：55、フランス：54）
タマネギ	257（イタリア：165、アルゼンチン：39、フランス：20）
キャベツ	235（イタリア：100、チリ：52、米国：47）
アブラナ族	234（フランス：50、イタリア：31、ハンガリー：29）
ニンジン	208（オーストラリア：59、チリ：33、ニュージーランド：35）
タイサイ	205（デンマーク：91、ニュージーランド：74、イタリア：13）
カボチャ族	191（中国：102、インド：55、タイ：31）
ネギ	169（チリ：109、イタリア：28、南アフリカ：14）
スィートコーン	127（米国：88、チリ：39）
シュンギク	118（デンマーク：65、イタリア：21、米国：18）
カラシナ	101（ハンガリー：55）
その他の野菜	201

農林水産省の種苗法担当者は、種子の国内流通量はわからないという。また、輸入種子の農薬使用履歴が正しいかどうか確認していないし、確認する必要性も認めていない。

種苗法で決められた表示が正しいか調査する機関に㈱種苗管理センターがあるが、ここは主に発芽率を調べているだけで、農薬は調べないと言っている。「農薬対策室がやっているのではないか」というので聞いてみたら、「とんでもない、うちの仕事ではありません」とのことだった。

海外種子の処置は闇の中

野菜、花の種苗メーカーの団体である㈳日本種苗協会は、国内生産量、輸入量、国内流通量について不明だという（業界団体がこんな基礎的な数値を知らないとは思えないが）。また、海外採種が８〜９割を占めているが、これらの輸入種子にどのような処理がされているか、わからないという。日本種苗協会は会員会社に、日本で許可されている農薬を使うよう申し合わせをしているというが、申し合わせが守られているかどうかは、これまた闇の中である。

表示を義務づけておきながら、それが正しいかどうか検証しないのは、どう考えてもおかしい。

ちなみに、日本に種子がどれくらい輸入されているかは、植物検疫統計に出ており、2011年度は5672tが輸入されている。参考までに、前頁の表に2011年度に100t以上輸入された野菜の種子と上位輸出国を示した。

有機JAS規格でも市販の種を使用

有機の種といっても、実は農薬を使用していないものは非常に少ない。

有機農業生産者は自家採種するか、種苗交換会で手に入れたりしている。しかし、それだけではとても足りない。そのため、有機JAS規格では、段階的に規制を緩めていき、最終的には市販の種子を使用してもいいことになっている。有機農産物の日本農林規格には、圃場に使用する種子または苗等の規格も定められている。

農林水産省消費・安全局表示・規格課による「有機農産物及び有機加工食品のJAS規格のQ&A」には、「(問9－5)ほ場に使用する種子又は苗等はどのようなものが使用できますか」という問いに対して、次のように答えている。

(答)

1、有機農産物の生産に当たっては、有機農産物のJAS規格第4条の基準に基づいて生産された種子又は苗等を使用することが原則です。認定ほ場以外で生産された種子又は苗等であっても同基準を満たしていることが確認できれば使用することができます。

2、1の種苗の入手が困難な場合や品種の維持更新に必要な場合には、使用禁止資材が使用されていない種苗を使用することができます。(略)

3、1の種苗の入手が困難であり、さらに2の種苗の入手も困難な場合等には、種子繁殖する品種は一般の種子を、栄養繁殖する品種は入手可能な最も若齢の一般の苗等が使用可能です。（略）種又は植付け後にほ場で持続的効果を示す化学的に合成された肥料及び農薬が使用されていないものを使用するよう規定しています。（略）なお、通常の種子消毒は、は種又は植付け後にほ場で持続的効果を示す農薬には該当しません。

4、3の苗等の入手が困難な場合であって、かつ、災害、病害虫等で植え付ける苗等がない場合や種子の供給がない場合には、種子繁殖の品種で一般の苗を使用したり、栄養繁殖の品種で最も若齢な苗等以外の苗等を使用することができます。（略）この場合も、植付け後にほ場で持続的効果を示す化学的に合成された肥料及び農薬が使用されていない一般の苗を使用できることを附則において経過措置として認めています。（略）

つまり、原則として有機の種子を使うべきだが、入手困難な場合は一般の種子や苗を使用することができるわけである。その場合でも「ほ場で持続的効果を示す化学的に合成された肥料及び農薬が使用されていない」ことが条件になっているが、3で、「なお、通常の種子消毒は、は種又は植付け後にほ場で持続的効果を示す農薬には該当しません」とわざわざことわっている。結局、市販の種子を使用してもいいということである。

通常の種子消毒は「持続的効果がない」の根拠!?

では、どういう根拠があって、通常の種子消毒は圃場で持続的効果を示さないと断言しているのか。

農林水産省消費安全局表示規格課に聞いてみた。驚いたことに「何のデータも持っていない」とのことであった。「農薬対策室に聞いた」とのことだったので、農薬対策室に、どういうデータで表示規格課に、通常の種子消毒が「持続的効果をもっていない」と伝えたのか聞いてみた。すると農薬対策室は「そういうことを伝える仕組みはないが、状況が不明なので、表示規格課にもう一度きちんと説明するよう伝えた」と言ってきた。

そのため、もう一度、表示規格課から電話があり「市販されているもので、どういうものが処理されているのかということを種子の担当に聞いてみると、『基本は殺菌剤で処理されている。殺菌剤については、種子の皮に付着している病原菌をなくして感染を防ぐということで、播種するときには、すでに病原菌がない状態になる』ということで、播種後に持続的な効果を示すものはないだろうというふうに聞いております。一方、殺虫剤については、殺菌剤よりももうちょっと長く効くようなものも一部あるということで聞いているので、そういうものであれば、ここは、有機の中では使えないだろうというふうに考えています」とのこと。では、持続的効果を示す殺虫剤とは何か、と尋ねると、さんざん渋った上で「今回聞いたのはチアメトキサムだけだ」と答えた。

チアメトキサムはネオニコチノイド系の殺虫剤で、EUで2年間の一時使用禁止になった農薬のひとつである。同じネオニコチノイド系のイミダクロプリドも種子消毒剤として登録されているので、それはどうかと聞くと、今回はチアメトキサムしか聞いていないとの一点張り。万が一、チアメトキサムで処理した種子を使用したら、有機農業の認証は得られないのかと聞くと、「そうだ」という。じゃあ、それを有機農業の生産者に伝えたのかと聞くと、「登録認定機関から聞かれたら答える」とのことであった。

ちなみに、チアメトキサム水和剤は、塗抹処理で、ナス、ピーマン、キュウリ、メロン、レタス、ホウレンソウ、ダイズ、エダマメ、インゲンマメ、豆類（種実、ただし、ラッカセイ、ダイズ、インゲンマメを除く）、未成熟トウモロコシ、飼料用トウモロコシに使用できることになっている。

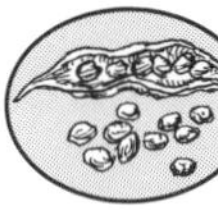

ネオニコ系殺虫剤 チアメトキサムの脅威

チアメトキサムの驚くべき残留性

２０１３年の２月から３月にかけて、環境省が

「鳥類の農薬リスク評価・管理手法暫定マニュアル」に関してパブリックコメントをしたが、その資料に種子処理剤の残留濃度というのがあった。環境省が２０１０〜２０１２年度（平成22〜24年度）に実施した農薬ばく露量調査（㈳日本植物防疫協会実施）において、ダイズおよび直播水稲を対象作物として種子処理剤の残留濃度を調査したものである。

驚いたのはネオニコ系殺虫剤のチアメトキサムの数値だった。ダイズに種子１kg当たり１８００mg処理したチアメトキサムは、播種直後に１１５０mg／kg、出芽時に３６０mg／kg残留していた。さすがに、検査者もこの数値に驚いたのか、注に「チアメトキサムについては、平成23年度調査において、不均一な処理で行った可能性が懸念されたため、確認のための再試験を行い、また、平成24年度にも同一薬量・同条件で試験を行った。検討の結果、平成23年度の第1回試験の結果が不適切であったと見なすべき十分な根拠がないことから、３回の測定結果の平均値を解析に用いることとした」と書かれていた。結局、平成23年度の試験も正しかったというわけだ。３年間の平均で見ると、出芽時の残留量は１９６・４mg／kgである。

他の農薬も示す「持続的効果」

ちなみに、他の農薬の出芽時の残留量は、ダイズの場合、チウラム＝30・9、ベノミル＝12・0、シアゾファミド＝11・2、チウラム（水和剤）＝0・1、ダイアジノン＝58・6、チウラム（粉剤）＝0・1、フルジオキソニル＝4・9となっている。

チアメトキサムが突出して残留量が多いとはいえ、使用頻度が多いチウラム、ベノミル、シアゾファミド、ダイアジノンなども2桁の残留だ。これは「持続的効果を示している」とはいえないだろうか。少なくとも播種時に土壌を汚染していることは確かである。

国は有機種苗を増やすのに手を打つべき

２０１２年に私たちは、青森県で農薬まぶしの種ニンニクが網の袋に入れて売られている事例を問題にした。

種子には袋に農薬名が書かれているとしても、ジャガイモやタマネギなどの苗に関して、果たして末端で表示されているか不安になる。種子消毒された種や苗には残留農薬基準をはるかに超える農薬が残留しているはずである。これが土壌など環境を汚染することが考えられるが、その対策はない。しかも、鳥に限らず、野生動物や、下手をすれば人間でも知らずに食べてしまう可能性がある。

種苗交換会出品の種。有機農業を持続していくためには、種子消毒をしていない有機種苗が多品目にわたり大量に必要

国産種子の生産量は1割から2割だが、どこの産地も高齢化に加え、最近の天候不順で苦労している。果たしていつまで続けられるのか、おぼつかない状況だ。

有機無農薬農業を続けていくためには、農薬による種子消毒がされていない種子を多品種、大量に生産しなければならない。国は有機農業を推進しているわけだから、有機種苗についても、何らかの手を打つべきではないか。有機の種子が増えれば、家庭菜園をやっている人たちも安心して蒔くことができるはずだ。

第6章

在来種・固定種の種を「育てて守る」ということ

霜里農場農場主・全国有機農業推進協議会理事長
金子 美登

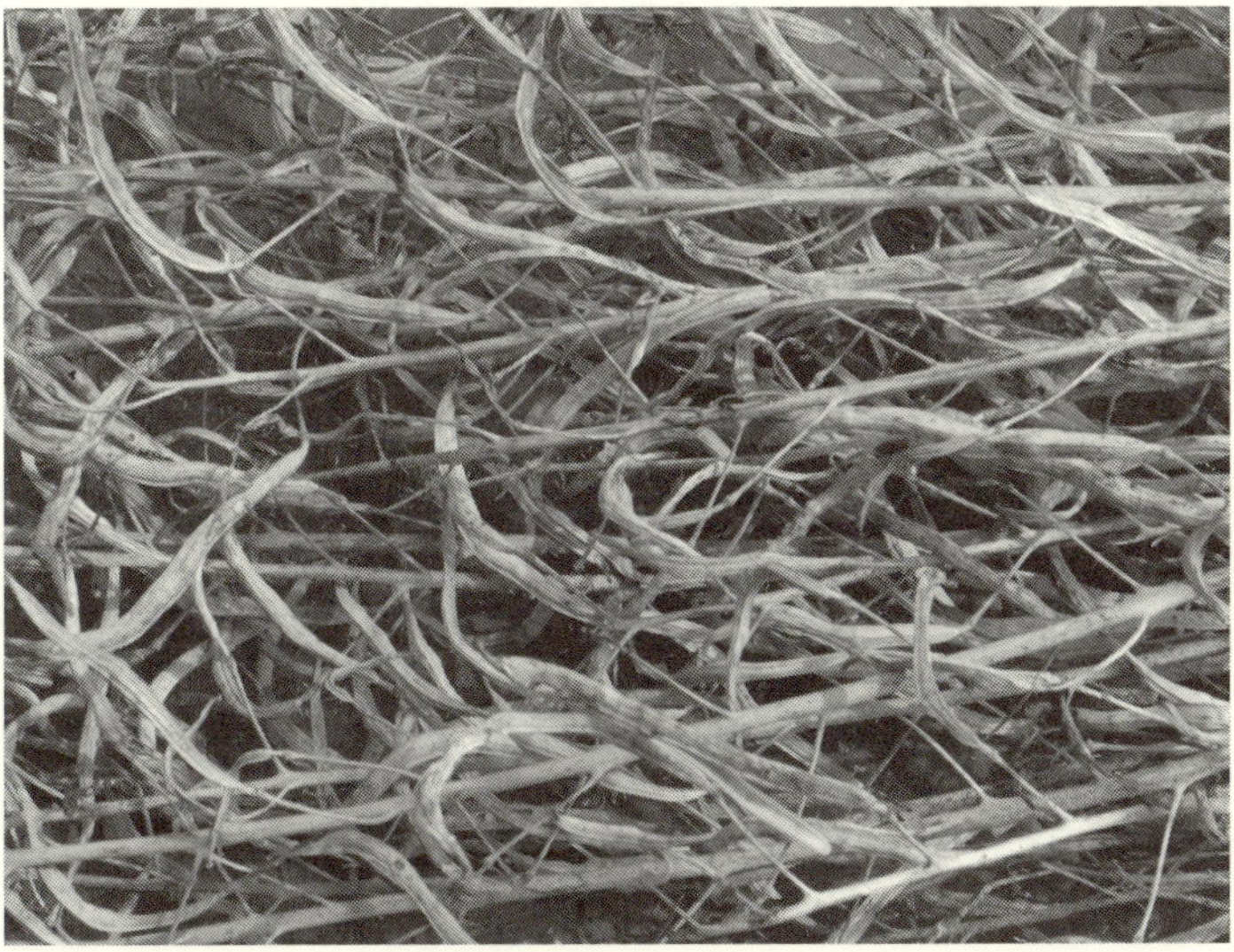

乾燥中の鞘入りキャベツの種

資源の循環・複合で豊かに自給する農業を目指す

有畜農業と自家採種の実践

日本の有機農業は、豊かな里山と田畑、家畜を結びつけた循環・複合型の農業であり、私はこれこそが日本の農業の形だと考えている。

かつての日本には、このような形になっていたからこそ、各地に地域独特の食文化や農村文化が根付いていたのだ。そして、その原点は、それぞれの風土に合った良い土をつくり、その風土に適した野菜、果物などをつくり、それらの種を守り育てていくことにあると考えている。

約200羽の採卵鶏を平飼いで飼養

スイカ畑。カラス対策のため、わらをスイカにかぶせる

私が経営している「霜里農場」は、埼玉県比企郡小川町下里地区にある。現在、田んぼが1・5ha、畑が1・5ha、山林が3haあり、乳牛（親牛）3頭、鶏200羽を平飼い、これらから得られる資源を循環・複合させながら、自給できる有畜農業を展開しているところである。畑では、さまざまな品種を試しながら年間約60品目の野菜をつくり、その多くを自家採種している。

消費者と一体の有機農業へ

私が有機農業を始めたのは、第一期生として入学した農業者大学校を卒業した1971年3月からである。

農業者大学校は1968年、農家出身者を入学させて3年間教育することで、農家の後継者確保とリ

有機栽培による収穫期のキュウリ（上高地）

ーダー的農業者の育成を目的に、農林省（当時）が東京都多摩市に設立した国立の教育機関である（2006年から独立行政法人農業・食品産業技術総合研究機構の内部組織となり、茨城県つくば市に移転するが、2010年4月の行政刷新会議の事業仕分けで、2012年3月をもって閉校となった）。

ここで、農業だけではなく、哲学や社会学、経済学、法律などを学んだことで、広い視野から日本の農業を見る視点が身につき、現在までの私の活動につながっていると思う。また、卒業の前年である1970年に減反政策が始まった。私は、この政策で農民はやる気をなくしてしまうだろうし、国民は主食のコメを大事にしなくなるだろうと感じた。

在学中に社会学や経済学を学んでいく中で、「日本社会は、農業を安楽死させようとしているのではないか」とも感じていた。さらに1970年代初頭は、イタイイタイ病や水俣病といった公害がクローズアップされ、重工業による環境汚染が明らかになりつつあった。そして1973年には、石油ショックが起こった。

そのような流れには、とてもではないが身を任せられない――そう考えた私は「安全で美味しくて栄養価の高い作物をつくる農業」を行うこと、「社会がどんなに変化しようともビクともしないような、消費者との自給区をつくろう」という覚悟を固めたのである。そして始めたのが、化学肥料や農薬を使わず自然の有機的な循環を活かした農業を行うこと、そして理解ある消費者とともに有機農業による地産地消を進めていくことであった。

草の根運動で始まった有機農業は第二ステージへ

「静かなる世直し運動」として広がる

一方、「近代農法を抜本的に反省し、あるべき農法を探求しようとする農業者の相互研鑽の場」として日本有機農業研究会が発足したのも、私が有機農業を模索しはじめたのと同じ１９７１年秋である。

実は、そのときに初めて「有機農業」という言葉ができたのだが、これは当時、協同組合経営研究所におられた一樂照雄さんが、本来なら「あたりまえの農業」と名づけてよかったのだが、化学肥料や農薬、機械化農業等に代表される無機的農業を大きく有機に転換しようとの思いを込めてつくった言葉である。一樂さんは農業者大学校にも「農業協同組合論」の講師として来られており、日本有機農業研究会発足の話は前もって聞いていたので、私も発足と同時に入会した。

有機農業の父と称された一樂照雄さん

その後、日本の有機農業運動は、自然発生的に始まった、ある意味で「静かなる世直し運動」ともいえる生産者と消費者との直接的な提携を特徴に、少しずつ広がっていった。

この日本の有機農業運動のスタイルは、日本発のＴＥＩＫＥＩとして世界40カ国以上にも採り入れられ、ＣＳＡ（地域が支える農）やＡＭＭＰ（家族農業を守る会）といった運動に発展し、現在では日本に逆輸入されるようにもなっている。

とはいえ、国内で有機農業が主流になるにはほど遠く、農林水産省も「環境保全型農業の一形態」といった認識しか持っていなかった。

有機農業推進法の制定

そのような状況が大きく変わったのが、2006年12月の「有機農業の推進に関する法律（有機農業推進法）」制定、そしてそれに基づいた2007年4月末の「有機農業の推進に関する基本的な方針」の策定である。

これは、超党派の議員連盟「有機農業推進議員連盟」が議員立法で国会に提出したものであり、また、全国で有機農業や自然農法を実施していた団体や個人のネットワークであるNPO法人全国有機農業推進協議会（当初は全国有機農業団体協議会）は、実践者として有機農業推進法制定の後押しをしてきた。結果として、有機農業の推進を国と自治体の責務としたことは、大変画期的なことであった。

もちろん、世の中には反対勢力もあるわけだが、それでも国として有機農業の技術開発や、各地での有機農業のモデル化事業などが取り組まれている現状は、私たちが有機農業を始めた頃に比べれば隔世の感がある。

全国有機農業推進協議会の公式サイトで、理事長として発信しているメッセージの一端を紹介する。

「2006年には有機農業推進法も成立し、有機農業の世紀が始まりました。都市や工業文明を中心にした社会の土台を、もう一度、農業・農村という

有機農家数（推定）の推移

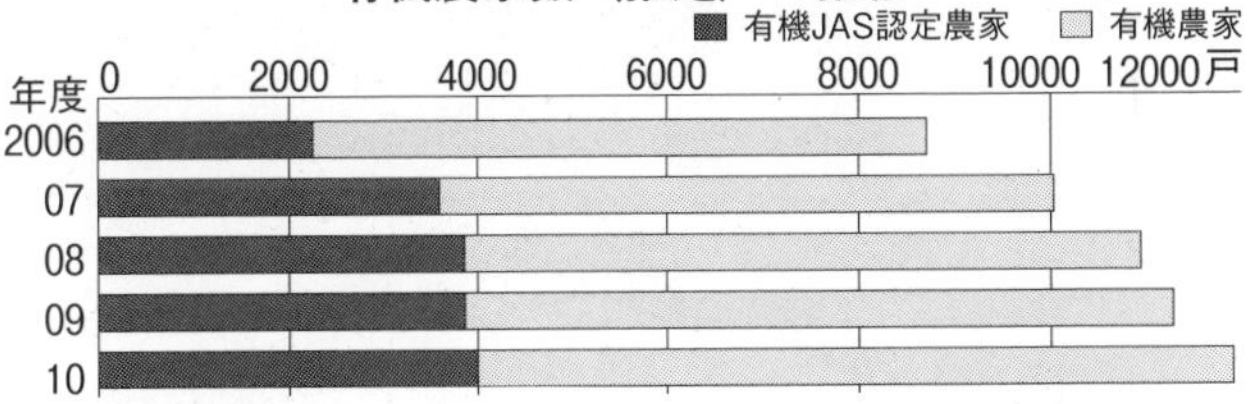

都道府県における有機農業推進計画の策定状況

年度	2007	08	09	10	11	目標
都道府県数	9	29	37	40	45	全県

市町村における有機農業推進計画の策定状況

年度	2007	08	09	10	11	目標
市町村数	65（4%）	148（8%）	195（11%）	189（11%）	256（16%）	約860（50%）

注：①有機農業の面積は1万6000haで、農業全体の栽培面積の0.4%を占めている（推計値）
②出所「世界農林業センサス（2010年）」、農業共済新聞（2012.3.21）

出荷の準備。ピーマン、ナス（秀明緑ナス）などを仕分ける

『いのちが見える文化』に戻していくときだと思います。それぞれが自分の大地を耕しながら、人とのつながりをつくっていく。それが認められ、やがて花開く。その循環こそが、有機農業であり人間の暮らしだと思っています」

草の根運動的に始まった日本の有機農業運動は、現在、第二ステージに入ったと言ってよいだろう。全国有機農業推進協議会も、この第二ステージを確かなものとしていくために、積極的に政策提言や普及活動を行っているところである。

「地域に広がる有機農業」を軸とした地域おこし

集落全体が有機農業に転換

有機農業運動の第二ステージのテーマのひとつは「地域に広がる有機農業」、いわば、有機農業を核とした地域おこしである。私が暮らしている小川町下里地区は、その先駆的な事例となるべく、さまざまな活動を行っている。

私が有機農法を始めてから30年くらい経った２００１年、慣行農業をやっていた集落のリーダーでもある先輩から「有機農業を一緒にやりたい」と声をかけられた。「個々の狭い経営面積では、これから先の農業経営は難しい。地域全体として付加価値の高い農産物生産を目指したい」という考えから、私がこれまで積み重ねてきた活動に注目してくれたのである。

そのことをきっかけに、まずはみんなで「おがわ青山在来」という地元の在来ダイズをつくることとなった。初めての収穫は「安心安全なダイズを作ってくれる生産者を応援したい」という地元の豆腐工房が全量を即金で、かつ再生産可能な価格で買い上げてくれ、翌年の買い上げも約束してくれた。

これが農家にとって大きな自信となり、２００３年にはコムギ、２００８年にはコメも慣行栽培から有機栽培に転換した。農産物は全量、私たちを支援してくれる近隣の商工業者や消費者に支えられ、再生産可能な慣行栽培以上の価格で取引されており、農家の収入も確実に増えている。いまでは、集落全体の30haの農地のほとんどが有機農業となっている。このような事例は、全国的にも初めてである。

サツマイモの畝間にくずコムギをリビングマルチ栽培（被覆植物で雑草の生育を抑える）

堆肥を供給し、資源循環にも役だつ乳牛。自給飼料で飼養

農林水産祭「村づくり部門」で天皇杯受賞

地域に有機農業が広がり、農民が生産の喜びと誇りを取り戻すと、今度は農地だけではなく地域の環境などにも目が向くようになる。

２００７年には、「農地や農業用水などの資源や農村環境を守り、質を高める地域共同の取り組みと、環境に優しい先進的な営農活動を支援すること」を目的とした「下里農地・水・環境保全向上対策委員会」を設立。集落が一体となった有機農業による作物生産だけでなく、地域の環境整備や都市住民との交流を進めるなどの活動にも取り組んできた。その活動が認められ、２０１０年度農林水産祭「村づくり部門」では天皇杯をいただいている。

豆腐工房など地場産業との連携

もちろん、農家だけにメリットがあるのでは、地域おこしとは言えない。私たちがつくる有機の農産物を買ってくれる地域産業にとっても良い成果を生み出し、無理なく協力していける形ができてこそ、地域が一体となっての地域おこしとなる。

例えば私たちが栽培しているダイズ、「おがわ青山在来」を買い上げてくれる豆腐工房は、かつてはスーパーに豆腐を卸していた。しかし常に値下げを要求され、それに対応するには安くて質の悪いダイズを使わざるを得ない。そんな豆腐づくりには夢がないと考え、「原料のダイズをつくる人、豆腐をつくる人、そして豆腐を買う人、みんなが顔見知り」である「素性の分かる豆腐づくり」に転換した。つまり、私たち有機農業者が行っている「提携」のスタイルである。その考え方に、私たち地元農家の活動と、「おがわ青山在来」が合致したのである。

「おがわ青山在来」でつくられた豆腐が抜群に美味しいということに加えて、そのようなスタイルに転換したことが功をなし、現在では年商は3億円を超えるまでになっている。

外部の人を呼び込む地産地消レストラン

近年は駅前がシャッター通りになってしまっている市町村が増えているが、小川町では農家の女性たちを中心に、地元産の有機食材を食べてもらえるレストランを、4店舗つくっている。いずれは10店舗に増やす予定だ。

そのうちのひとつである「べリカフェ」は、日替わりシェフのレストランであり、月曜日が我が家の担当となっている。曜日によっては、農産物の即売も行っている。

これは、まさに「地産地消」の取り組みだが、お客さんとしてのターゲットは地元住民ではなく、むしろ外部の人たちである。都市住民との交流として行っている「米作りから酒造りを楽しむ会」や「親子米づくりふれあい体験」などの参加者はもちろん、私たちの活動を視察に来た人たちなどに、小川町の有機農産物を楽しんでもらう場となっており、一般客でもリピーターになってくれる人が多い。

このように、有機農業で作物をつくるだけでなく、その作物が地域産業と結びつくこと、さらには外部の人たちを呼べる形までができて、初めて地域おこしと言えるのではないかと思う。

消費者との提携で届ける宅配野菜セット

地元産の有機食材を提供するレストラン「ベリカフェ」。農家の女性が切り盛りする

自給や地域おこしのために必要な在来種・固定種

在来種・固定種をあらためて地域の宝に

種はもともと、農家が自分で採っていたものだ。自家採種を繰り返すことでその地域の風土に合った形質を持つ固定種となり、形は不ぞろいかもしれないが本来の味を持つ美味しい作物となり、その作物が地域の文化をつくっていった。

しかし明治の中頃から農業試験場が新しい品種を開発するようになり、農家が自家採種する習慣が失われていった。そして種苗会社がF_1種を開発・普及させていったことで、自家採種をしたくてもできない状態にされてしまった。一方で戦後の日本農業も、豊かに自給する農業ではなく金儲けのための農業に向かったため、日保ちが良い、また形がそろって流通に乗りやすいF_1種のほうが都合が良いと考える農家のほうが多くなっていった。それは、農家の自立という面での弊害となっただけでなく、地域文化の喪失にもつながっている。

とはいえ、私も有機農業を始めた当初は、種や自家採種の重要性は分かってはいても、なかなか実行するゆとりを持てなかった。それは私だけではなく、有機農業を行っている仲間みんながそうだったと思う。自然農法の方々は早くから自家採種に取り組んでおられたが、私たち有機農業の世界での自家

軒下に吊るした貯蔵用のタマネギ

採種の動きが活発化したのは、1982年の第1回種苗交換会以降である。

また、かつては「種は外に出すな」というのが農家の原則であったことも、すぐに種苗交換会を始められなかった理由のひとつかもしれない。自家採種を繰り返して固定化された種は、まさに「家の宝」であった。

在来種・固定種がなくなるという危機感

例えば、有機農業の先輩である東京都世田谷区の大平博四さんは、「城南小松菜」「どじょういんげん」などをきちんと母本選抜しながら自家採種をされていたし、我が家でも親の代からネギやキュウリ、ダイズやソバなどの種を採っていた。しかし、それをみんなで交換・共有しようという発想はなかなか生まれてこなかったのだ。しかし「そんなことを言っていたら、いずれ在来種や固定種がなくなってしまう」という危機感のほうが上回るようになり、種苗交換会へとつながったのである。

第1回の会場は、私の農場であった。以後、毎年

種を譲ってもらって栽培した桜西瓜。さっぱりした風味で1個当たり8～10kgの重さになる

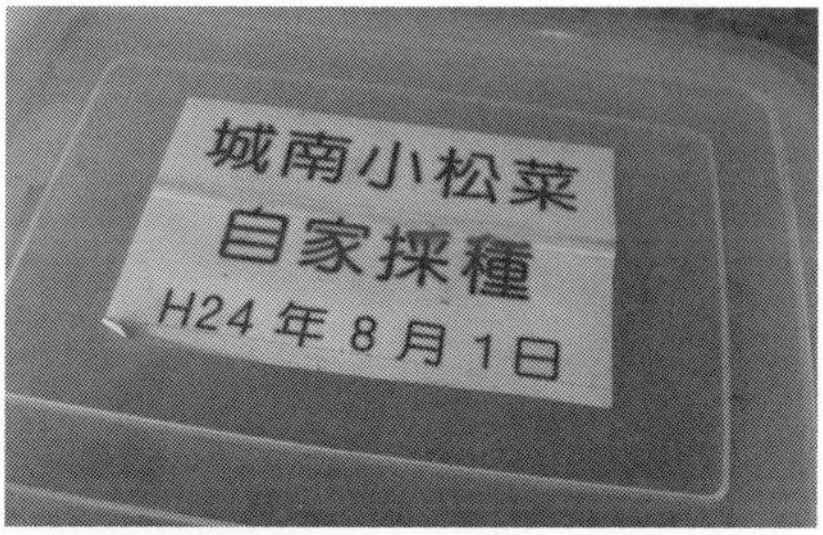

箱に品種名や採種日を明記

城南小松菜の種

春、関東地方の有機農業者のお宅を回りながら開催している。「1農家が自慢の2品種の種を持ち寄ろう」というのが合言葉だが、それでも農家が50軒集まれば１００種類となり、それが各農家に拡散され、それがまた自家採種されていくことで新たな「家の宝」となり、地域の宝となっていく。このような種苗交換会は、いまや全国的に見られるようになった。

地域おこしの核となる「おがわ青山在来」

あらためて小川町の地域おこし活動を考えると、その始まりとなってくれたのは、やはりダイズ「おがわ青山在来」の種である。

かつては小川町で広く栽培されていた「おがわ青山在来」は、糖度が高く大変美味しいダイズだ。しかし、エンレイやタチバナなどに代表される国の奨励品種の普及により、商業栽培は長く行われず、自家消費用として細々と種が採られていた。

小川町の仲間と有機栽培によるダイズをつくることになったとき、まずは品種選びから始めた。以前から私も、種苗交換会などで手に入れた、有機栽培に合う各地のダイズを育てていたが、やはり比べてみると、もともと地元で育てられてきた「おがわ青山在来」が一番いいのだ。

天候の良い年であれば、どんなダイズでもそれなりに育つ。ここ数年のように、雨が少なくて害虫が多発してしまうような年だと、一般に流通しているようなダイズはもちろん、ほかから取り寄せた固定種のダイズでもかなりの被害が出てしまう。

しかし「おがわ青山在来」は大きな被害とはならない。それはつまり、過去にこの土地での天候不順を経験し、その苦境をいかに生き残るかといった遺伝的情報が、「おがわ青山在来」の種に備わっているからなのだ。

もう一つの鍵は、地上部の生物多様性と地中部の土壌微生物多様性の復活である。

自給と循環が地域社会のキーワード

東日本大震災で発生した東京電力福島第一原子力発電所の事故が明らかにしたように、私たちは、地球に生きる生命としての人類の存続という大きな課題を突きつけられている。いまこそ、いのちあるものとしての原点に戻るときだ。私は、そのためのキーワードは「自給」と「循環」だと考えている。

食はもちろん、エネルギーも、福祉や介護といった部分も、資源や人が循環することによって自給できる地域があり、その集合体として国がある。そのような構造をつくっていくことを考えなければ、日本再建の展望は見えてこないだろう。

食とエネルギーの自給へ

私がこれまで行ってきた活動は、多くの人に知ってもらいたいがためだったと言ってもいい。

現在、私の農場は、私が思い描く理想の7割ぐらいにまで到達している。食の自給はもちろんだが、エネルギーもなるべく自給していきたい。そこで家畜の糞尿と生ゴミからバイオガスを発生させ、エネルギーとして利用する仕組みもつくった。このバイ

倉庫の一角は油田

廃食油の精製装置を導入

軽油の代替燃料としてトラクターを動かす

濾過精製された廃食油

オガスプラント（発酵槽）では、エネルギーとしてのガスだけでなく、優良な液肥もできる。地域の里山整備で発生する木質バイオマスをエネルギーとして利用するための薪ボイラーも設置している。これらはつまり、地域資源の循環の仕組みでもある。さらには、廃食油の精製装置も設置し、それによってトラクターや車のディーゼルエンジンを動かすという取り組みも行っている。

集落や地域全体にも自給と循環を展開

私の集落や地域で考えても食料自給、また農産物が循環していくことでの地域おこしという面では、かなりのレベルまで達成できている。次はエネルギーの自給や循環といった部分も、集落や地域のレベルまでに広げ、自給モデル地区としていきたいと考えている。

その一環として、私たちは地域の里山整備も手がけはじめている。地域の里山は、豊かな土や水を生み出す、地域循環の出発点でもある。

多くの里山は現在、本来持っていた燃料としての薪炭生産や肥料としての落ち葉利用といった役割を失ったことで人の手が入らなくなり、荒れてしまっている。

また戦後、拡大造林政策で多くの里山が針葉樹の人工林に姿を変えていったが、輸入材との価格競争に敗れてしまったことで、これも間伐などの整備が行き届かず荒れてしまっている。私たちの集落周辺にある里山もそのような状況になってしまっていたのだが、県や環境貢献を望む地元企業の助成を得ながら、100年ビジョンで針葉樹を多様な広葉樹のある強く美しく生物多様性豊かな森林に変えていこうとしている。

ガラスハウス（間伐材などを生かし、木造で設置）

例えば、私たちは可食果実のなる木を積極的に植えているが、それがしっかりと育った頃には、私たちの食がより豊かになるだけでなく、里に出て農地を荒らすシカやイノシシも山に戻ってくれるだろう。そうなると最近流行の兆しを見せているジビエの利用も視野に入ってくるかもしれない。それがまた、新たな自給につながっていく。

次代につなぐ設計図は種の中に残されている

私たちの国の食やエネルギーが、すでにサバイバルの状況になっていることに気づいている人は多

在来種の金ゴマの種を保管

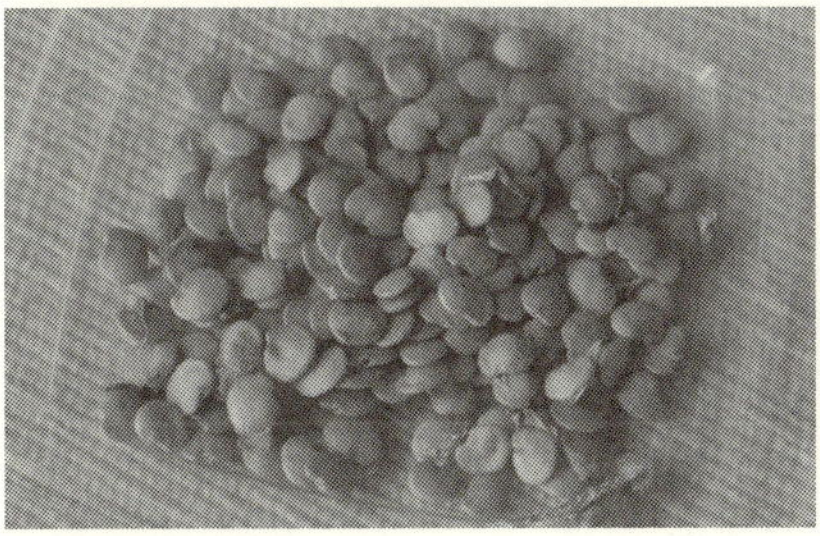
秀明緑ナスの種

収穫間近の八丈オクラ

い。そんな皆さんに知っておいてもらいたいことは、「すべての設計図は種の中にある」ということである。

工業を中心とした近代社会の中にある、さまざまな設計図は、すべて人間の都合によってつくりだされたものだ。そのことによっていま、自然とのさまざまな軋轢が生まれてしまっている。

一方、その地域で代々採り続けられてきた種の中にある設計図には、生き物としての生命力をベースに、その地域の歴史、地域おこしのヒントまでが刻まれている。それを私たちが少し手助けして育てていくだけで、その作物は豊かに育ってくれるし、その種を採り続けることで、その設計図は後世に伝えられていくことになる。在来種や固定種の種を「育てる・守る」ことの意味は、そこにあるのだ。

そのような種は、おそらく皆さんの地域にも、どこかに残されているはずだ。本書で紹介されているような動きが各地に広がり、その種に残された設計図にしたがって地産地消や地域住民主体の地域おこしが進んでいくことを願っている。

『種と遊んで』山根成人著（現代書館）
『いのちを守る農場から』金子美登著（家の光協会）
『有機農業ハンドブック～土づくりから食べ方まで～』日本有機農業研究会編集・発行（農文協発売）
『つくる、たべる、昔野菜』岩崎政利・関戸勇著（新潮社）
『自家採種ハンドブック』ミシェル・ファントン、ジュード・ファントン著、自家採種ハンドブック出版委員会（現代書館）
『にっぽんたねとりハンドブック』プロジェクト「たねとり物語」著（現代書館）
『本物の野菜つくり～その見方・考え方～』藤井平司（農文協）
『都道府県別 地方野菜大全』タキイ種苗出版部編、芦澤正和監修（農文協）
『岩崎さんちの種子採り家庭菜園』岩崎政利著（家の光協会）
『野菜の採種技術』そ菜種子生産研究会編（誠文堂新光社）
『金子さんちの有機家庭菜園』金子美登（家の光協会）
『秀明自然農法　自家採種の手引き』（秀明自然農法ネットワーク）
『野菜園芸大事典』清水茂監修（養賢堂）
『最新農業小事典』農業事典編纂委員会編（農業図書）
「世界と日本の食料・農業・農村に関するファクトブック 2013」（ＪＡ全中）
『自殺する種子－アグロバイオ企業が食を支配する』安田節子著（平凡社）
『自然農の野菜づくり』川口由一監修、高橋浩昭著（創森社）
『自然農の果物づくり』川口由一監修、三井和夫ほか著（創森社）
『自然農の米づくり』川口由一監修、大植久美・吉村優男（創森社）
FAO 1996. Report on the state of the world's plant genetic resources for food and agriculture.

◆主な参考・引用文献集覧

『自殺する種子－遺伝資源は誰のもの－』河野和男著（新思索社）
『生物多様性を育む食と農～住民主体の種子管理を支える知恵と仕組み～』西川芳昭編著（コモンズ）
『作物遺伝資源の農民参加型管理』西川芳昭著（農文協）
『市民参加のまちづくり　コミュニティ・ビジネス』伊佐淳・松尾匡・西川芳昭編（創成社）
「信州大学環境科学年報」第30号
『食料主権のグランドデザイン－自由貿易に抗する日本と世界の新たな潮流』村田武編著（農文協）
『奪われる種子・守られる種子－食料・農業を支える生物多様性の未来－』西川芳昭・根本和洋著（創成社）
『食と農の原点　有機農業から未来へ』（日本有機農業研究会）
「土と健康」2013年1・2月合併号、2013年7月号（日本有機農業研究会）
『自家採種入門～生命力の強いタネを育てる～』中川原敏雄・石綿薫著（農文協）
「自然農法」農業試験場開設20周年記念特別号 Vol.65（自然農法国際研究開発センター）
『植物育種学』鵜飼保雄著（東京大学出版会）
『いのちの種を未来に』野口勲著（創森社）
『野菜の種はこうして採ろう』船越建明著（創森社）
『タネが危ない』野口勲著（日本経済新聞出版社）
『固定種野菜の種と育て方』野口勲・関野幸生著（創森社）
『どこかの畑の片すみで』山形在来作物研究会編（山形大学出版会）
『おしゃべりな畑』山形在来作物研究会編（山形大学出版会）
「AFCフォーラム」2012年7月号（日本政策金融公庫農林事業）
『育てて楽しむ雑穀～栽培・利用・加工』郷田和夫著（創森社）
『江戸・東京ゆかりの野菜と花』JA東京中央会企画・発行（農文協発売）
『江戸東京野菜　図鑑篇』大竹道茂監修（農文協）
『まるごと！ キャベツ』大竹道茂監修（絵本塾出版）
『歳時記 京の伝統野菜と旬野菜』高嶋四郎著（トンボ出版）
『京の伝統野菜』京都府農林水産部（京のふるさと産品価格流通安定協会）
『京の野菜記』林義雄著（ナカニシヤ出版）
「大和伝統野菜調査報告書」（奈良県農林部マーケティング課）
「兵庫県の園芸（1912）」（兵庫県農会）
「兵庫の園芸（1951）」（兵庫県農業試験場）
「兵庫の野菜園芸（1979）」兵庫県農林水産部編（兵庫の野菜園芸編集委員会）
「近畿の園芸」第5号（園芸学会近畿支部）

京都府桂高等学校 京の伝統野菜を守る研究班

〒615-8102　京都市西京区川島松ノ木本町27

TEL 075-391-2151 ／ FAX 075-391-2153

NPO法人 秀明自然農法ネットワーク

〒529-1814　滋賀県甲賀市信楽町田代316

TEL 0748-82-7855 ／ FAX 0748-82-7857

有限会社 若葉農園

〒779-3244　徳島県名西郡石井町浦庄字下浦326-6

NPO法人 清澄の村

〒630-8411　奈良市高樋町843

ひょうごの在来種保存会

〒670-0901　兵庫県姫路市立町34　TEL 0792-84-1546 ／ FAX 0792-84-3330

一般社団法人 SEEDS OF LIFE（高知スタジオ）

〒783-0055　高知県南国市双葉台15-1

TEL 088-855-4248 ／ FAX 088-862-4300

種の自然農園

〒859-1115　長崎県雲仙市吾妻町永中名742　TEL＆FAX 0957-38-3957

食政策センター・ビジョン21

〒227-0046　神奈川県横浜市青葉区たちばな台1-14-39　TEL＆FAX 045-962-4958

反農薬東京グループ

〒202-0021　東京都西東京市東伏見2-2-28B

TEL 0424-63-3027 ／ FAX 0424-78-1018

霜里農場

〒355-0323　埼玉県比企郡小川町下里809　TEL＆FAX 0493-73-0758

NPO法人 全国有機農業推進協議会

〒135-0053　東京都江東区辰巳1-1-34 生活協同組合パルシステム東京辰巳ビル3F

TEL 03-6457-0666 ／ FAX 0475-89-3055

SEEDSAVERS NETWORK（シードセイバーズ・ネットワーク）

http://www.seedsavers.net

◆種採りインフォメーション

＊本書内容関連。2013年10月現在

独立行政法人 農業生物資源研究所遺伝資源センター

〒305-8602　茨城県つくば市観音台2-1-2

一般財団法人 広島県森林整備・農業振興財団（農業ジーンバンク）

〒739-0151　広島県東広島市八本松町原0869

NPO法人 日本有機農業研究会

〒113-0033　東京都文京区本郷3-17-12 水島マンション501号
TEL 03-3818-3078／FAX 03-3818-3417

NPO法人 有機農業推進協会

〒170-0005　東京都豊島区南大塚2-14-12YSビル303号
TEL 03-5940-2313／FAX 03-5940-2314

林農園

〒285-0078　千葉県佐倉市坂戸1057　TEL＆FAX 043-498-0389

公益財団法人 自然農法国際研究開発センター

〒390-1401　長野県松本市波田5632-1
TEL 0263-92-6800／FAX 0263-92-6808

野口のタネ・野口種苗研究所

〒357-0067　埼玉県飯能市小瀬戸192-1　TEL 042-972-2478／FAX 042-972-7701

山形在来作物研究会

〒997-0369　山形県鶴岡市高坂字古町5-3 山形大学農学部附属農場　赤澤気付
TEL 0235-28-2852（江頭）／FAX 0235-24-2270（赤澤）

いわき市役所 農業振興課

〒970-8686　福島県いわき市字梅本21　TEL 0246-22-7479／FAX 0246-22-7589

江戸東京・伝統野菜研究会

〒196-0001　東京都昭島市美堀町1-11-6 大竹気付　TEL 090-3222-4314

安曇野たねバンクプロジェクト

〒399-8602　長野県北安曇郡池田町会染552-1 ゲストハウスシャンティクティ
TEL＆FAX 0261-62-0638

●**横田光弘**（よこた みつひろ）

1964年、徳島県生まれ。有限会社若葉農園代表取締役、NPO法人 秀明自然農法ネットワーク種苗部会代表

●**松田俊彦**（まつだ としひこ）

1971年、京都府生まれ。京都府立桂高等学校教諭、京野菜機能性活用推進連絡会幹事

●**三浦雅之**（みうら まさゆき）

1970年、京都府生まれ。株式会社粟代表取締役社長、NPO法人 清澄の村理事長

●**小林 保**（こばやし たもつ）

1953年、兵庫県生まれ。ひょうごの在来種保存会世話人

●**ジョン・ムーア**

1951年、アイルランド生まれ。一般社団法人 SEEDS OF LIFE代表理事

●**岩崎政利**（いわさき まさとし）

1950年、長崎生まれ。種の自然農園代表、NPO法人 日本有機農業研究会種苗部幹事、長崎県指導農業士

●**安田節子**（やすだ せつこ）

東京都生まれ。食政策センター・ビジョン21主宰、NPO法人 日本有機農業研究会理事

●**辻 万千子**（つじ まちこ）

長野県生まれ。反農薬東京グループ代表

●**金子美登**（かねこ よしのり）

1948年、埼玉県生まれ。霜里農場農場主、NPO法人 全国有機農業推進協議会理事長

◆ 執筆者一覧（執筆順）

＊敬称略、所属、役職は2013年10月現在

●西川芳昭（にしかわ よしあき）

1960年、奈良県生まれ。龍谷大学経済学部教授（農業・資源経済学）

●河瀬眞琴（かわせ まこと）

1953年、長崎県生まれ。独立行政法人 農業生物資源研究所遺伝資源センター長

●林 重孝（はやし しげのり）

1954年、千葉県生まれ。林農園代表、NPO法人 日本有機農業研究会副理事長、NPO法人 有機農業推進協会常任理事

●原田晃伸（はらだ あきのぶ）

1975年、奈良県生まれ。公益財団法人 自然農法国際研究開発センター研究部育種課種子普及チーム長

●巴 清輔（ともえ せいすけ）

1979年、兵庫県生まれ。公益財団法人 自然農法国際研究開発センター研究部育種課育種チーム長

●田丸和久（たまる かずひさ）

1969年、神奈川県生まれ。公益財団法人 自然農法国際研究開発センター研究部育種課種子生産チーム長

●野口 勲（のぐち いさお）

1944年、東京都生まれ。野口のタネ・野口種苗研究所代表

●江頭宏昌（えがしら ひろあき）

1964年、福岡県生まれ。山形大学農学部准教授（植物遺伝資源学）、山形在来作物研究会会長

●富岡都志子（とみおか としこ）

福島県生まれ。いわき市役所農林水産部農業振興課主査

●大竹道茂（おおたけ みちしげ）

1944年、東京都生まれ。江戸東京・伝統野菜研究会代表、江戸東京野菜コンシェルジュ育成協議会会長、ブログ「江戸東京野菜通信」で情報発信中

●臼井朋子（うすい ともこ）

大阪府生まれ。安曇野たねバンクプロジェクト代表、森へ集まれ！ ちびっ子会代表

松本一本ネギの種の入った花茎

●

デザイン――寺田有恒　ビレッジ・ハウス
企画協力――船越建明
イラストレーション――楢 喜八
撮影――三宅 岳
写真協力――中村易世　福田聖子　蜂谷秀人　JC総研
農業生物資源研究所　FAO　ほか
取材協力――臼井健二　小田詩世　小野地 悠　島田雅也
山根成人　関野幸生　高橋浩昭　ほか
編集・執筆協力――村田 央　三好かやの
校正――吉田 仁

編者プロフィール

●**西川芳昭**（にしかわ よしあき）
龍谷大学経済学部教授(農業・資源経済学)
1960年、奈良県のレンゲ・タマネギの種屋に生まれる。京都大学農学部農林生物学科卒業(実験遺伝学)。連合王国バーミンガム大学大学院植物遺伝資源コースおよび開発行政専攻修了。国際協力事業団(現、国際協力機構)、農水省、名古屋大学大学院国際開発研究科教授等を経て現職。
主な著書に『作物遺伝資源の農民参加型管理』（農文協)、『奪われる種子・守られる種子』共著(創成社)、『生物多様性を育む食と農』編著(コモンズ)など

種《たね》から種《たね》へつなぐ

2013年11月15日　第1刷発行

編　　者——西川芳昭《にしかわよしあき》

発 行 者——相場博也

発 行 所——株式会社 創森社
〒162-0805 東京都新宿区矢来町96-4
TEL 03-5228-2270　FAX 03-5228-2410
http://www.soshinsha-pub.com
振替00160-7-770406

組　　版——有限会社 天龍社

印刷製本——中央精版印刷株式会社

落丁・乱丁本はおとりかえします。定価は表紙カバーに表示してあります。
 ISBN978-4-88340-284-7 C0061

〝食・農・環境・社会一般〟の本

創森社　〒162-0805 東京都新宿区矢来町96-4
TEL 03-5228-2270　FAX 03-5228-2410
http://www.soshinsha-pub.com

＊表示の本体価格に消費税が加わります

農的小日本主義の勧め
篠原 孝 著　四六判２８８頁１７４８円

ミミズと土と有機農業
中村好男 著　Ａ５判１２８頁１６００円

炭やき教本～簡単窯から本格窯まで～
恩方一村逸品研究所 編　Ａ５判１７６頁２０００円

ブルーベリークッキング
日本ブルーベリー協会 編　Ａ５判１６４頁　１５２４円

家庭果樹ブルーベリー～育て方・楽しみ方～
日本ブルーベリー協会 編　Ａ５判１４８頁１４２９円

エゴマ～つくり方・生かし方～
日本エゴマの会 編　Ａ５判１３２頁１６００円

農的循環社会への道
篠原 孝 著　四六判３２８頁２０００円

炭焼紀行
三宅 岳 著　Ａ５判２２４頁２８００円

農村から
丹野清志 著　Ａ５判３３６頁２８５７円

台所と農業をつなぐ
大野和興 編　山形県長井市・レインボープラン推進協議会 著　Ａ５判２７２頁　１９０５円

雑穀が未来をつくる
国際雑穀食フォーラム 編　Ａ５判２８０頁　２０００円

一汁二菜
境野米子 著　Ａ５判１２８頁１４２９円

薪割り礼讃
深澤 光 著　Ａ５判２１６頁２３８１円

立ち飲み酒
立ち飲み研究会 編　Ａ５判３５２頁１８００円

ワインとミルクで地域おこし～岩手県葛巻町の挑戦～
鈴木重男 著　Ａ５判１７６頁１９０５円

すぐにできるオイル缶炭やき術
溝口秀士 著　Ａ５判１１２頁１２３８円

病と闘う食事
境野米子 著　Ａ５判２２４頁１７１４円

ブルーベリー百科Q&A
日本ブルーベリー協会 編　Ａ５判２２８頁　１９０５円

焚き火大全
吉長成恭・関根秀樹・中川重年 編　Ａ５判３５６頁　２８００円

納豆主義の生き方
斎藤茂太 著　四六判１６０頁１３００円

つくって楽しむ炭アート
道祖土靖子 著　Ｂ５変型判８０頁１５００円

豆腐屋さんの豆腐料理
山本久仁佳・山本成子 著　Ａ５判９６頁１３００円

スプラウトレシピ～発芽を食べる育てる～
片岡芙佐子 著　Ａ５判９６頁１３００円

玄米食 完全マニュアル
境野米子 著　Ａ５判９６頁１３３３円

手づくり石窯BOOK
中川重年 編　Ａ５判１５２頁１５００円

豆屋さんの豆料理
長谷部美野子 著　Ａ５判１１２頁１３００円

雑穀つぶつぶスイート
木幡 恵 著　Ａ５判１１２頁１４００円

不耕起でよみがえる
岩澤信夫 著　Ａ５判２７６頁２２００円

薪のある暮らし方
深澤 光 著　Ａ５判２０８頁２２００円

菜の花エコ革命
藤井絢子・菜の花プロジェクトネットワーク 編著　四六判２７２頁１６００円

手づくりジャム・ジュース・デザート
井上節子 著　Ａ５判９６頁１３００円

竹の魅力と活用
内村悦三 編　Ａ５判２２０頁２０００円

虫見板で豊かな田んぼへ
宇根 豊 著　Ａ５判１８０頁１４００円

体にやさしい麻の実料理
赤星栄志・水間礼子 著　Ａ５判９６頁１４００円

すぐにできるドラム缶炭やき術
杉浦銀治・広若剛士 監修　Ａ５判　１３２頁１３００円

竹炭・竹酢液 つくり方生かし方
杉浦銀治ほか監修　日本竹炭竹酢液生産者協議会 編　Ａ５判２４４頁１８００円

竹垣デザイン実例集
古河 功 著　Ａ４変型判１６０頁３８００円

タケ・ササ図鑑～種類・特徴・用途～
内村悦三 著　Ｂ６判２２４頁２４００円

毎日おいしい 無発酵の雑穀パン
木幡 恵 著　Ａ５判１１２頁１４００円

星かげ凍るとも～農協運動あすへの証言～
島内義行 編著　四六判３１２頁２２００円

里山保全の法制度・政策～循環型の社会システムをめざして～
関東弁護士会連合会 編著　Ｂ５判５５２頁　５６００円

自然農への道
川口由一 編著　Ａ５判２２８頁１９０５円

〝食・農・環境・社会一般〟の本

創森社　〒162-0805 東京都新宿区矢来町96-4
TEL 03-5228-2270　FAX 03-5228-2410
http://www.soshinsha-pub.com
＊表示の本体価格に消費税が加わります

素肌にやさしい手づくり化粧品　境野米子 著　A5判128頁1400円

土の生きものと農業　中村好男 著　A5判108頁1600円

ブルーベリー全書 ～品種・栽培・利用加工～　日本ブルーベリー協会 編　A5判416頁2857円

おいしい にんにく料理　佐野房 著　A5判96頁1300円

竹・笹のある庭 ～観賞と植栽～　柴田昌三 著　A4変型判160頁3800円

木と森にかかわる仕事　大成浩市 著　四六判208頁1400円

薪割り紀行　深澤光 著　A5判208頁2200円

協同組合入門 ～その仕組み・取り組み～　河野直践 編著　四六判240頁1400円

自然栽培ひとすじに　木村秋則 著　A5判164頁1600円

紀州備長炭の技と心　玉井又次 著　A5判212頁2000円

一人ひとりのマスコミ　小中陽太郎 著　四六判320頁1800円

育てて楽しむ ブルーベリー12か月　玉田孝人・福田俊 著　A5判96頁1300円

炭・木竹酢液の用語事典　谷田貝光克 監修　木質炭化学会 編　A5判384頁4000円

園芸福祉入門　日本園芸福祉普及協会 編　A5判228頁1524円

全記録 炭鉱　鎌田慧 著　四六判368頁1800円

食べ方で地球が変わる ～フードマイレージと食・農・環境～　山下惣一・鈴木宣弘・中田哲也 編著　A5判152頁1600円

割り箸が地域と地球を救う　佐藤敬一・鹿住貴之 著　A5判96頁1000円

ほどほどに食っていける田舎暮らし術　今関知良 著　四六判224頁1400円

山里の食べもの誌　杉浦孝蔵 著　四六判292頁2000円

緑のカーテンの育て方・楽しみ方　緑のカーテン応援団 編著　A5判84頁1000円

育てて楽しむ 雑穀 栽培・加工・利用　郷田和夫 著　A5判120頁1400円

オーガニック・ガーデンのすすめ　曳地トシ・曳地義治 著　A5判96頁1400円

育てて楽しむ ユズ・柑橘 栽培・利用加工　音井格 著　A5判96頁1400円

バイオ燃料と食・農・環境　加藤信夫 著　A5判256頁2500円

田んぼの営みと恵み　稲垣栄洋 著　A5判140頁1400円

石窯づくり 早わかり　須藤章 著　A5判108頁1400円

ブドウの根域制限栽培　今井俊治 著　B5判80頁2400円

飼料用米の栽培・利用　小沢亙・吉田宣夫 編　A5判136頁1800円

農に人あり志あり　岸康彦 編　A5判344頁2200円

現代に生かす竹資源　内村悦三 監修　A5判220頁2000円

人間復権の食・農・協同　河野直践 著　四六判304頁1800円

反冤罪　鎌田慧 著　四六判280頁1600円

薪暮らしの愉しみ　深澤光 著　A5判228頁2200円

農と自然の復興　宇根豊 著　四六判304頁1600円

田んぼの生きもの誌　稲垣栄洋 著　楢喜八 絵　A5判236頁1600円

はじめよう！自然農業　趙漢珪 監修　姫野祐子 編　A5判268頁1800円

農の技術を拓く　西尾敏彦 著　四六判288頁1600円

東京シルエット　成田一徹 著　四六判264頁1600円

玉子と土といのちと　菅野芳秀 著　四六判220頁1500円

生きもの豊かな自然耕　岩澤信夫 著　四六判212頁1500円

里山復権～能登からの発信～　中村浩二・嘉田良平 編　A5判228頁1800円

自然農の野菜づくり　川口由一 監修　高橋浩昭 著　A5判236頁1905円